Como Tudo Pode Desmoronar

Coleção Big Bang
Dirigida por Gita K. Guinsburg

Coordenação de texto: Luiz Henrique Soares e Elen Durando
Preparação: Adriano Carvalho Araújo e Sousa
Revisão de texto: Fernanda Alvares
Capa e projeto gráfico: Sergio Kon
Produção: Ricardo W. Neves e Sergio Kon

Pablo Servigne
Raphaël Stevens

COMO TUDO PODE DESMORONAR

PEQUENO MANUAL DE COLAPSOLOGIA PARA USO DAS GERAÇÕES PRESENTES

POSFÁCIO: YVES COCHET

TRADUÇÃO E APRESENTAÇÃO: NEWTON CUNHA

CIP-Brasil. Catalogação na Publicação
Sindicato Nacional dos Editores de Livros, RJ

S514c

Servigne, Pablo

Como tudo pode desmoronar : pequeno manual de colapsologia para uso das gerações presentes / Pablo Servigne, Raphaël Steven ; tradução Newton Cunha ; posfácio Yves Cochet. - 1. ed. - São Paulo : Perspectiva, 2024.

256 p. ; 21 cm. (Big bang)

Tradução de: Comment tout peut s'effondrer: petit manuel de collapsologie a l'usage des générations présentes

ISBN 978-65-5505-185-8

1. Meio ambiente - Colapso. 2. Mudança social. I. Steven, Raphaël. II. Cunha, Newton. III. Cochet, Yves. IV. Título. V. Série.

24-88511 CDD: 303.4
CDU: 504.61

Gabriela Faray Ferreira Lopes - Bibliotecária - CRB-7/6643
09/02/2024 16/02/2024

1ª edição.

EDITORA PERSPECTIVA LTDA.

Al. Santos, 1909, cj. 22
01419-100 São Paulo SP Brasil
Tel.: (55 11) 3885-8388
www.editoraperspectiva.com.br

2024

Àquelas e àqueles que sentem medo,
tristeza e raiva. Àquelas e àqueles que agem
como se estivéssemos no mesmo barco.
Às redes em tempos difíceis ("rough weather
networks"), inspiradas por Joanna Macy,
que se disseminam e se conectam.

As catástrofes ecológicas que se avizinham em escala mundial, num contexto de crescimento demográfico, as desigualdades devidas à rarefação das águas locais, o fim da energia barata, a rarefação da quantidade de minerais, a degradação da biodiversidade, a erosão e a degradação dos solos, os eventos climáticos extremos... produzirão as piores desigualdades entre aqueles que, por um certo tempo, terão meios de se proteger e os que tudo sofrerão. Elas abalarão os equilíbrios geopolíticos e serão fontes de conflitos. A extensão das catástrofes sociais que se arriscam produzir conduziu no passado ao desaparecimento de sociedades inteiras. Infelizmente, trata-se de uma realidade histórica objetiva. [...] Quando o colapso da espécie aparecer como possibilidade concebível, a urgência terá de converter nossos processos lentos e complexos em deliberações. Tomado pelo pânico, o Ocidente transgredirá seus valores de liberdade e de justiça.

MICHEL ROCARD [ex-primeiro-ministro da França],
DOMINIQUE BOURG [professor na Faculdade de Geociências
e de Ambiente de Lausanne, Suíça] e
FLORAN AUGAGNEUR [professor de filosofia da ecologia do Instituto de Estudos Políticos de Paris], 2011.

Existe alguma probabilidade de que o pico petrolífero se produza ao redor de 2010, e que haja consequências sobre a segurança num interregno de 15 a 30 anos. [...] A médio prazo, o sistema econômico global, tanto quanto as economias de mercado nacionais, poderiam desmoronar.

RELATÓRIO DA BUNDESWEHR (exército alemão), 2010.

Pode a humanidade evitar um colapso causado pelas penúrias e pelas fomes? Sim, podemos, malgrado o fato de que o estimamos em 10%. Por sombrio que isso possa parecer, achamos que, para o bem das gerações posteriores, vale a pena lutar para que as chances passem a 11%.

PAUL E ANNE ERHLICH [professores de biologia na Universidade
de Stanford, 2013.

Os riscos que se seguem se identificam com grande certeza... Os riscos sistêmicos devidos a fenômenos meteorológicos extremos, conduzindo à ruptura das redes de infraestrutura e dos serviços essenciais, como eletricidade, abastecimento de água, serviços de saúde e de emergência... risco de insegurança alimentar e mesmo de ruptura dos sistemas alimentares.

QUINTO RELATÓRIO DO PAINEL INTERGOVERNAMENTAL
SOBRE MUDANÇAS CLIMÁTICAS (IPCC/GIEC), 2014.

Nossa civilização encontra-se hoje em uma trajetória econômica insustentável, em um caminho que nos leva ao declínio econômico, ou mesmo ao colapso.

LESTER BROWN, fundador do Worldwatch Institute
e presidente do Earth Policy Institute, 2006.

Segundo os cientistas, existe um largo consenso sobre dois traços comuns relativos às civilizações que se extinguiram: padeciam de um orgulho desmesurado e de um excesso de confiança. Estavam convencidas de sua capacidade inquebrantável em relevar todos os desafios que se lhes apresentavam e consideravam que os sintomas crescentes de fraqueza poderiam ser ignorados, em razão de seu caráter pessimista.

JEREMY GRANTHAM, investidor e cofundador do
Grantham Mayo van Otterloo (GMO), um dos maiores gestionários
de fundos do planeta, 2013.

Com frequência, os sistemas se conservam por mais tempo do que pensamos, mas acabam por desmoronar mais rapidamente do que imaginamos.

KEN ROGOFF, antigo economista-chefe do FMI, 2012.

SUMÁRIO

SEGUNDA PARTE
E ENTÃO, QUANDO?

TERCEIRA PARTE
COLAPSOLOGIA

O TORDO CAGA SEU PRÓPRIO MAL

Peço inicialmente desculpas ao leitor pela grosseria do título, um velho provérbio greco-latino recolhido por Erasmo de Roterdã para seu adagiário (*Turdus ipse sibi malum cacat*), mas que revela, de maneira realista, embora cáustica, a nossa própria e intransferível responsabilidade pelas desastrosas consequências que se prenunciam.

Ao contrário dos evangelhos, que são as boas-novas proclamadas pelos oráculos gregos e pelos livros do Novo Testamento, as numerosas e recentes investigações de caráter científico, nas mais diferentes áreas, por exemplo, climatologia, ecologia, biologia, geociência, física, química e, mesmo, economia, nos têm advertido de que os limites do equilíbrio necessário à nossa civilização industrial estão sendo irreversível e perigosamente transgredidos. Tragédia que pode estender-se, em decorrência da constante predação, aos demais reinos da natureza, o animal e o vegetal, tanto na terra quanto no mar. Como os troianos perante as profecias de Cassandra, as desprezamos ou descremos devido à inércia, à ambição, à ignorância, a uma negligência calculada, ou, enfim, resignados pela incapacidade de deter as transformações planetárias já ocorridas e irreversíveis em nossa natureza. Incapacidade que tem sua origem na própria complexidade que as civilizações vão adquirindo, e sobretudo a nossa, industrial e mundializada. Basta pensar, como nos lembra David Korowicz, que:

> Os sistemas dos quais dependemos para nossas transações financeiras, para os alimentos, os combustíveis e meios de subsistência são tão interdependentes que é melhor considerá-los como facetas de um único sistema global. Manter e operar esse sistema global requer muita energia e, como os custos fixos para operá-lo são altos, ele só é econômico se for operado a uma capacidade quase plena [...]. Nossa vida diária depende da coerência de milhares de interações diretas, que por sua vez dependem de outros trilhões de interações entre coisas, empresas, instituições e indivíduos em todo o mundo. Seguindo apenas uma trilha: a cada manhã tomo café perto de onde trabalho. A mulher que me serve não precisa saber quem colheu as bagas, quem moldou o polímero para a cafeteira, como o sistema municipal entregou a água para o café, como os grãos fizeram sua viagem ou quem projetou a caneca.[1]

Tudo isso deveria nos fazer perceber que nem governos nem empresas, instituições ou indivíduos controlam de fato as dinâmicas dessa gigantesca superestrutura, nem suas ações podem, isoladamente, mudar o panorama do mundo. E, nesse caso, é preciso concordar com a visão estruturalista, no sentido de que a totalidade possui ou desenvolve um comportamento autônomo sobre o qual as partes constituintes não interferem, a ponto de transformá-la, sendo-lhe, preferencialmente, solidárias.

No mundo da economia política, por exemplo, todos os seus agentes estão preocupados quase exclusivamente com a taxa de crescimento do Produto Interno Bruto (PIB), dogma inconteste de suas preocupações. Como se esse valor fosse, senão o único, o mais importante de uma sociedade. E, no entanto, ele é absolutamente indiferente à maneira como os bens, os serviços e as rendas são repartidas; não toma conhecimento das taxas de violência nem dos efeitos deletérios sobre o ambiente e a biodiversidade, fenômenos em franca expansão na sociedade. Seu objetivo é puramente a quantidade produzida a mais, medida de todo o progresso.

1. D. Korowicz, On the Cusp of Collapse: Complexity, Energy and the Globalised Economy, em Richard Douthwaite; Gillian Fallon (eds.), *Fleeing Vesuvius*, Gabriola Island: NSP, 2010.

Pois em seu livro sobre a metafísica e a ciência, escrito em forma de diálogo, diz Vacherot pela boca de um dos interlocutores, o Metafísico:

> Acreditais, como todos os espíritos esclarecidos desse tempo, no progresso da Humanidade? Representais a Humanidade como um Todo que *cresce indefinidamente por adição de novos elementos* [grifo nosso], ou mesmo como um Ser vivo cujos órgãos se desenvolvem e se fortalecem incessantemente? Semelhantes concepções não se ajustam aos fatos. A queda dos impérios, a dissolução das sociedades, a decadência e a ruína das civilizações, a invasão da barbárie, as revoluções que rompem violentamente as tradições [...] as incertezas, as variações, os desvios, os impulsos bruscos em direção ao futuro, seguidos por estranhos recuos ao passado. Todos esses incidentes e ainda outros contradizem vitoriosamente a teoria de um progresso contínuo, uniforme, inflexível, *geométrico*, consistindo numa série não interrompida de conquistas da civilização sobre a barbárie, da ciência sobre a ignorância, da riqueza sobre a miséria, e enfim, do bem sobre o mal.[2]

Acreditar num crescimento infinito e, ao mesmo tempo, sustentável de um fenômeno natural ou cultural é de uma parvoíce risível ou de uma arrogância visivelmente estúpida. Petulância de que o pensamento e o trabalho humanos, incontestavelmente singulares, criativos e dominadores, são capazes. Dizemos "trabalho" no sentido dado por Hannah Arendt: a ação de povoar o mundo com objetos utilitários e fazer de todo meio um fim em si mesmo, submetendo a natureza a esse mesmo fim em espiral. Afirma a autora:

> No mundo do *homo faber*, onde tudo deve ter seu uso imediato, isto é, servir como instrumento para a obtenção de outra coisa, o próprio significado não pode parecer senão um fim, um fim em si mesmo, e isto ou é uma tautologia aplicável a todos os fins, ou uma proposição contraditória [...] este dilema reside no fato de que, embora somente a fabricação, com seu conceito de instrumento, seja capaz de construir

2. Étienne Vacherot, *La Métaphysique et la Science, t. 1*, Paris: Librairie de F. Chamerot, 1863, p. 32.

> um mundo, esse mesmo mundo torna-se tão sem valor quanto o material empregado – simples meio para outros fins... e este emprego das coisas como instrumentos implica rebaixar todas as coisas à categoria de meios e acarreta a perda do seu valor intrínseco e independente.[3]

Que se adicionem a essa concepção o caráter *exponencialmente cego da industrialização e de seus rendimentos no capitalismo* (igualmente vigente na competição entre países capitalistas e comunistas durante o século XX) e a *ordem mundial por um irrefreável crescimento econômico* e temos como resultado, no início deste século XXI (por volta de 2020), o fato de que agora a chamada "massa antropogênica", artificialmente produzida e composta de todos os objetos metálicos (incluindo meios de transporte terrestres, aéreos e marítimos), vítreos, de plásticos, cerâmicos, de cimento (casas e edifícios) e agregados, como a brita, áreas asfaltadas etc., seja igual ou mesmo supere a biomassa de plantas e de animais terrestres (calculada, na mesma época, em 1,1 teratonelada, ou 1,1 trilhão de toneladas métricas)[4].

Enfatizam ainda os autores deste refinado ensaio (já no primeiro capítulo) que:

> Convém [...] ter consciência de que numerosos parâmetros de nossa sociedade e do impacto sobre o planeta mostram uma velocidade exponencial: a população, o produto interno bruto, o consumo de água e de energia, a utilização de fertilizantes, a produção de motores e de telefones, a movimentação turística, a concentração atmosférica de gás de efeito estufa, o número de inundações, os danos causados aos ecossistemas, a destruição de florestas, a taxa de extinção de espécies etc. A lista não tem fim. Esse "quadro de bordo" [...], bastante conhecido entre os cientistas, converteu-se num "logotipo" da nova época geológica chamada Antropoceno, era na qual os humanos tornaram-se uma força que desestabiliza os grandes ciclos biogeoquímicos do sistema-Terra.

3. Hannah Arendt, O Trabalho, *A Condição Humana*, Rio de Janeiro: Forense Universitária/São Paulo: Edusp, 1981.
4. Ver Emily Elhacham; Liad Ben-Uri; Jonathan Grozovski; Ynon M. Bar-On; Ron Milo, Global Human-Made Mass Exceed all Living Biomass, *Nature*, n. 588, 9 dez. 2020.

Mas de pouco adiantam as censuras ou as advertências, mesmo as antigas, como as que o velho do Restelo faz às esquadras portuguesas no magnífico poema épico de Camões, ou seja, os reproches à ambição de conquistas humanas, a esta *hybris* (destempero ou desmedida), a este *folle volo* (voo insano) desejado e mesmo realizado pelos homens em busca de conhecimentos e de ações que ultrapassem os limites de sua condição e fragilidade, impostos ou oferecidos pela natureza.

A verdade é que não estamos dispostos – a maioria dos cidadãos, as empresas, instituições civis e os Estados – a abrir mão do enorme potencial energético dos combustíveis fósseis, mesmo porque, sem eles, ainda não temos condições de produzir e manter as benesses, as comodidades e os poderes que a industrialização e seus objetos nos propiciam. Pois, na verdade, nos deparamos com uma situação de aporia, de dúvida até agora insolúvel: se as indústrias movidas por petróleo, carvão, gás natural ou liquefeito de petróleo pararem total e repentinamente suas produções, a fim de reduzir substancialmente o efeito estufa e as poluições que delas decorrem, o colapso econômico, social e político da maior parte do mundo será imediato; se continuarmos a ter como matriz energética esses mesmos combustíveis, o desmoronamento do sistema-Terra será inevitável, ainda que postergado. Situação que levou Clive Hamilton a bradar o "descanso eterno" da civilização industrial como decorrência, de um lado, da inação e das divergências tanto das instituições quanto das lideranças nacionais e internacionais; de outro, como resultado de nossa obsessão e arrogância pelo *status* socioeconômico já alcançado, não só desconectadas da natureza, mas, frequentemente, contra ela[5].

O que mais nos indicam as centenas de investigações e de modelos matemáticos, baseados em dados históricos e ocorrências reais?

Antes de tudo, que dos *nove* limites planetários indispensáveis à vida tal como a conhecemos em nosso pequeníssimo mundo,

5. Ver C. Hamilton, *Requiem for a Species*, New York: Routledge, 2010.

pois que são fatores de estabilidade da biosfera, já ultrapassamos *seis* em 2020: a mudança climática, ou seja, a concentração atmosférica em CO_2 inferior a 350 partes por milhão; a taxa de extinção da biodiversidade genética, que seria, no máximo de dez espécies sobre um milhão, já tendo alcançado mais de cem anualmente; a perturbação dos ciclos bioquímicos do nitrogênio e do fósforo, em razão do uso intensivo desses elementos na agropecuária; mudanças no uso do solo, estimadas a partir da área florestal, sendo o limite fixado em 70% da área antes do desmatamento; introdução de novas entidades no meio ambiente, como metais pesados, compostos orgânicos sintéticos e compostos radioativos que são fatores de poluição; o uso de água doce (calculando-se menos de 4.000 km^3/ano de consumo de recursos de escoamento superficial em vertedouros) e da água verde, ou umidade do solo. Dois outros limites globais ainda não foram excedidos, embora possam acontecer: a acidificação dos mares (absorção de CO_2, com a consequente redução do pH) e a quantidade de ozônio estratosférico. O nono e último limite ainda não foi quantificado, ou seja, a concentração atmosférica do aerossol.

Numa obra recente, que recolhe estudos e projeções de diferentes áreas, *Como Salvar Nosso Planeta*, pode-se ler que: as temperaturas globais poderão subir 4°C até o fim do século; em vários países, as temperaturas mais persistentes estarão ao redor de 40°C; ondas de calor de 50°C poderão ser comuns; nos verões, os incêndios serão habituais na Austrália, na Argentina, no Brasil, nos Estados Unidos, no Canadá, na Rússia, na Indonésia, na Índia, na África subsaariana e em volta das costas do Mediterrâneo; os oceanos alcançarão temperaturas muito elevadas (com o provável desaparecimento de espécies) e a Grande Barreira de Corais do Pacífico será então declarada morta; várias partes do globo experimentarão secas prolongadas e sérias dificuldades de plantio ou de colheita agrícolas, devido à falta de chuvas; também por isso a desertificação crescerá e ambos os fenômenos criarão ondas de refugiados; o derretimento dos glaciares deixará de fornecer água a rios que deles dependem e a drástica redução do gelo dos polos deixará de refletir a luz solar, contribuindo para o aumento da temperatura global[6].

Por outro lado, preveem-se tempestades e inundações devastadoras de campos e cidades, pois o clima se comportará, como já sucede nos dias de hoje, por fenômenos extremos e acentuados. Sem mencionarmos outros problemas igualmente sérios, como a produção anual de 350 milhões de toneladas de lixo plástico, que arrasam os ecossistemas, o esgotamento gradual de lençóis de água utilizados para a irrigação de cultivos intensivos ou o lixo de roupas e tecidos sintéticos que se acumulará desmesuradamente em várias partes do planeta (como hoje em Gana, na Índia e no Chile).

Muito brevemente, eis aí um panorama de um futuro infelizmente bastante possível.

Colapso, desmoronamento ou catástrofe são termos ou expressões que indicam, ao fim, a ruína ou a destruição de algo. E o que vem a ser a destruição? Em primeiro lugar, deveríamos estar conscientes (nós, os pobres mortais, os senhores do mundo e quem quer que seja) de que somente o ser humano pode julgar e compreender, como testemunha, o que é uma devastação, a ruína, o colapso ou a destruição. Como nos esclarece Jean-Paul Sartre, uma fissura ou um franzimento geológico, um maremoto, um terremoto ou um incêndio florestal (fenômenos frequentes ao longo das muitas idades terrestres e que continuam a ocorrer) apenas modificam a face dos lugares afetados e suas paisagens, matando eventualmente animais e assolando a vegetação. Instala-se ali "outra coisa", apenas diferente em sua conformação físico-química ou mesmo orgânica. Para a natureza, eis tudo. Essa mesma modificação, entretanto, lenta ou abrupta, estabelece uma relação diferenciada do ponto de vista humano. "Para que haja destruição, é preciso, inicialmente,

6. Ver Mark Maslin, *How to Save Our Planet: The Facts*, London: Penguin, 2021.

uma relação do homem com o ser (que lhe é exterior), quer dizer, uma transcendência: e, nos limites dessa relação, é preciso que o homem apreenda o ser como destrutível", incluindo, e devemos acrescentar, *ele próprio*. "Mas isso nada seria ainda se o ser não fosse descoberto como *frágil*. E o que é a fragilidade senão uma certa probabilidade de *não-ser* para um ser dado em circunstâncias determinadas? Um ser é frágil se ele traz em si a possibilidade definida de não-ser."[7]

Como Tudo Pode Desmoronar acaba por fazer uma análise abrangente, ou seja, a que inclui vários aspectos científicos e sociopolíticos da situação que vivemos, o que amplia notavelmente a análise de um dos primeiros grandes estudos sobre o tema, o famoso Relatório Meadows ou do Clube do Roma, igualmente publicado pela Perspectiva no já longínquo ano de 1973, sob o título *Limites do Crescimento*.

Para concluir, resta esclarecer por que o tordo (entre nós conhecido como sabiá) caga seu próprio mal. Para os antigos, segundo Plínio, o Velho (*Naturalis historia, livro* X, *ornitologia*), ou ainda Ateneu (citado por Erasmo), essa ave teria o hábito de comer visco, uma planta que, mesmo após digerida, cresce em seu intestino. Com o produto da evacuação do visco, costumava-se então fazer uma cola que servia para capturar o próprio tordo, considerado uma boa iguaria. Tanto assim que Maquiavel, merencoriamente exilado em sua propriedade rural perto de San Casciano, ocupava-se, entre outras coisas, em fazer armadilhas para pegar tordos, e a língua francesa ainda conserva outro antiquíssimo ditado, para aqueles que, por necessidade, se conformam com menos: *faute de grives, on mange des merles* (na falta de tordos, comem-se melros).

NEWTON CUNHA

7. J.-P. Sartre, Les Négations, *L'Être et le néant*, Paris: Gallimard, 1943.

Prefácio

A COLAPSOLOGIA, UM FENÔMENO NÃO LINEAR

No início dos anos 2010, é possível lembrar-se, a questão das grandes catástrofes globais não suscitava nenhum debate público. A de um possível colapso de nossa sociedade (ou da biosfera), menos ainda.

Certamente, todo o mundo sabia que a "casa queimava": desregramento climático, poluições, a biodiversidade em queda... todas essas advertências eram conhecidas, mas percebidas como epifenômenos que não pareciam tão impactantes para que pudessem perturbar a vida sobre a Terra e, menos ainda, o estilo de vida. De todo modo, este não seria negociável! As grandes rupturas, esperadas ou sofridas, não eram simplesmente concebíveis. De maneira geral, ninguém acreditava nelas.

No entanto, alguns *sabiam*. As informações sobre as dinâmicas e os riscos de colapso circulavam em meio a uma rede de cientistas (físicos, climatologistas, ecólogos), assim como entre raros ecologistas considerados "radicais". Tais pessoas tinham em comum o fato de não haverem esquecido o catastrofismo dos anos 1970, cujo mais famoso arauto foi o relatório do Clube de Roma, de 1972. Entre as pessoas informadas, é preciso também citar o meio bastante restrito dos *sobrevivencialistas*, que se preparam ativamente em face de grandes rupturas econômicas e sociais, consideradas iminentes, inspiradas por autores de sucesso, na maioria anglófonos. Como quer que fosse, nenhuma dessas pessoas tinha acesso aos meios de comunicação de massa.

O livro que você tem em mãos data de 2015. Se ele pôde trazer algo à sua época, foi o de popularizar um pensamento de: descontinuidade, rupturas, imprevisibilidade, bifurcações, finitude. Um pensamento sobre a nossa vulnerabilidade enquanto sociedade, espécie e Terra.

Imprevisibilidade e descontinuidade constituíram assim as palavras-chave desta aventura editorial, que começou muito modestamente: após três anos de pesquisa independente (com fundos próprios e fora de universidades), o historiador e editor Christophe Bonneuil veio assistir a uma conferência que dávamos em um *petit comité*, em Bruxelas. Na saída, ele nos propôs escrever um livro. E por que não? No entanto, é divertido lembrar de que, em oposição a essa ideia, nosso entusiasmo se viu diante do medo de a editora se deparar com um livro muito sombrio, desmoralizante e... invendável.

Seis anos mais tarde, com mais de cem mil exemplares vendidos nos países de língua francesa, com o retorno excelente dos leitores, o sucesso midiático e a tradução em diversas línguas, podemos dizer que este livro exerceu um papel-chave numa espécie de reviravolta do imaginário, uma mudança de época, uma tomada de consciência da absoluta urgência na qual nos encontramos.

Ler este livro, nos dizem os leitores, é também agitar-se interiormente. É como se existisse um antes e um depois. E se estivermos mais próximos do que pensamos de um futuro realmente catastrófico? E se os acontecimentos pudessem realmente acelerar-se em grande escala? E se fôssemos realmente mortais, nós, os modernos? E se as gerações futuras... forem nós mesmos? Há realmente um assombro, uma sideração, um choque que se percebe nessa inversão de pontos de vista.

Este livro não foi escrito para causar medo, mas para domesticá-lo. Foi escrito para que um grande número de leitores pudesse ser advertido, com o intuito de trazer um pouco de racionalidade a debates facilmente engolidos por afetos gargantuescos e para que se possa melhor reagir como corpo social.

Hoje em dia, a questão sobre um possível desmoronamento de nossa sociedade, ou da civilização, ou, pior ainda, da biosfera encontra-se solidamente implantado nas conversações e no imaginário populares. De fato, os eventos catastróficos que ocorrem na atualidade se encaixam nesse relato e o alimentam. As rupturas globais e as crises sistêmicas constituem agora parte das coisas possíveis, de fatos concebíveis, como o fez a pandemia de Covid-19.

Se for possível retraçar em grandes linhas a curta vida deste livro, pode-se dizer ter havido duas fases, separadas pelo outono de 2018. Desde os primeiros dias de sua publicação, e durante três anos, ele produziu um eco constante e favorável em leitores e cientistas, tanto quanto na imprensa, discreta, mas interessada, curiosa e rigorosa (*L'Écho*, *Les Échos*, *Le Soir*, *La Vie*, *Le Canard Enchainé*, *Mediapart*, *Libération*, *Bastamag*, *France Culture*, *Reporterre*, RTBF etc.). Em três anos, tornou-se, segura e lentamente, um pequeno *best-seller*, bem considerado nos meios ecologistas e intelectuais.

Em agosto de 2018, houve uma oscilação e uma explosão. No momento em que Nicolas Hulot se demitia estrepitosamente (um evento marcante na França), houve a publicação de um artigo midiático da academia de ciências dos Estados Unidos sobre o "planeta estufa"[1], assim como uma série de artigos muito bem feitos sobre o colapso... num órgão de massa (20minutes.fr, coligada à BMFtv.com). Nas semanas que se seguiram, o mundo conheceu um novo relatório especial do Painel Intergovernamental sobre Mudanças Climáticas (IPCC/GIEC), depois assistiu à irrupção do movimento Extinction Rebellion (XR), às alocuções de Greta Thunberg e à revolta dos Gilets Jaunes. Em meio a esse braseiro, acaso do calendário, apareceu em outubro o nosso segundo livro, *Um Outro Fim de Mundo É*

1. W. Steffen et al., Trajectories of the Earth System in the Anthropocene, *Proceedings of the National Academy of Sciences*, v. 115, n.33, 2018.

Possível, instalando, no espaço dos meios de comunicação francofônicos, a questão do colapso (digamos, do caos como fonte de ruptura e das rupturas como fontes de caos) e até mesmo a do fim do mundo.

A partir daí, o jornal *Le Monde* fez do possível desmoronamento um tema e, por efeito de tal começo, a pressão midiática não baixou, carregando uma vaga de críticas tanto positivas quanto negativas, mas, sobretudo, cada vez mais irracionais. Muitos influenciadores e editorialistas não se davam ao trabalho de verdadeiramente analisar em minúcias os discursos, bastando dar sua opinião sobre o fim do mundo ("que sempre existiu", como se sabe), multiplicando assim as caricaturas e os mal-entendidos, ao ocultar os discursos mais complexos e mais sérios, precisamente aqueles que quisemos valorizar com este primeiro livro.

Nesse *maelstrom* (redemoinho) midiático, o livro tornou-se tardiamente uma referência, um *best-seller* popular. Paralelamente, outros autores publicaram obras sobre o colapso ou a colapsologia, cientistas deram início a trabalhos de pesquisa a respeito do assunto (sabendo-se que o ritmo das pesquisas é mais lento do que os meios de informação) e organizações políticas e associativas reivindicaram tal perspectiva para construir seus discursos e justificar suas ações. Pode-se dizer que a partir do final de 2018 nascia um movimento "colapso", um movimento plural que nos havia escapado, como um monstro semelhante a Frankenstein.

Se a palavra "colapsologia" permanece essencialmente francófona (tendo entrado nos dicionários em 2020), as demais línguas não esperaram para abordar os temas sobre as ameaças globais e os riscos de catástrofes planetárias. Entre os anglófonos, por exemplo, as publicações sobre "desastres, desmoronamentos e riscos existenciais" e outros "riscos catastróficos globais" são numerosas; aliás, em quase todos os lugares, os relatórios de especialistas e as declarações de organismos internacionais

(ONU, FMI, Banco Mundial) não cessam de advertir sobre os riscos vitais em que incorremos; movimentos, como o Extinction Rebellion ou Deep Adaptation, nasceram explicitamente em decorrência de um colapso societário adveniente e de riscos de extinção. Uma sondagem IFOP realizada em cinco países (França, Estados Unidos, Reino Unido, Itália e Alemanha) mostrou que a consciência desse possível colapso estava presente em níveis similares e eram mais altos do que se imaginara: mais da metade das pessoas (salvo na Alemanha, 39%) acreditam que a civilização vá se arruinar nos anos vindouros e, entre essas pessoas, entre um terço e a metade pensam que tal se dará nos próximos trinta anos.

No dia 10 de dezembro de 2020, uma tribuna publicada concomitantemente pelo *Le Monde* e pelo *The Guardian*, por mais de quinhentos cientistas de vinte países, exortava os decisores políticos do globo a "abrir o debate sobre o colapso da sociedade, para que possamos começar a nos preparar para ele"[2].

Atualmente, na qualidade de autores, estamos surpresos, mas satisfeitos, de haver tomado parte nessa tomada de consciência, tanto quanto no eclodir do movimento. Na qualidade de terrestres, entretanto, é preciso confessar que estamos frustrados e inquietos ao reconhecer neste livro, anos depois, uma certa atualidade.

Março de 2021.

2. Collectif, A Warning on Cimate and the Risk of Societal Collapse, *The Guardian*, 6 dez. 2020.

Introdução

UM DIA SERÁ PRECISO ABORDAR O ASSUNTO

Crises, catástrofes, devastações, declínio... O apocalipse é lido nas filigranas das notícias cotidianas do mundo. Enquanto certas catástrofes são bem reais e alimentam a carência de atualidades dos jornais, impressos ou televisivos – como os acidentes aéreos, furacões, inundações, declínio das abelhas, quedas nas bolsas ou guerras –, é justificável insinuar que nossa sociedade "vai de encontro ao muro", anunciar uma "crise planetária global" ou constatar uma "sexta extinção em massa de espécies"?

Tornou-se paradoxal observar essa explosão midiática de catástrofes, mas não poder falar explicitamente das *grandes* catástrofes sem deixar de ser "catastrofista"! Todo o mundo soube, por exemplo, que o IPCC/GIEC havia publicado um novo relatório sobre a evolução do clima em 2014, mas viu-se um debate real sobre esses novos cenários climáticos e suas implicações em termos de mudanças sociais? Evidentemente, não. Muito "catastrofista".

Talvez estejamos cansados de más notícias. Além disso, não houve sempre ameaças de fim de mundo? Considerar o futuro sob o pior aspecto não seria um fenômeno narcísico tipicamente europeu ou ocidental? Não seria o catastrofismo um novo ópio do povo, destilado por aiatolás ecológicos e cientistas em busca de financiamento? Vamos, mais um esforço e sairemos "da crise"!

Ao contrário, talvez não saibamos falar das catástrofes verdadeiras, daquelas que duram e não correspondem ao ritmo da atualidade. Pois, é preciso constatá-lo, estamos confrontados a sérios problemas ambientais, energéticos, climáticos, geopolíticos, sociais e econômicos que atualmente já romperam o ponto de não retorno. Poucas pessoas o dizem, mas tais problemas estão interconectados, e por isso se influenciam e se retroalimentam. Possuímos hoje um imenso feixe de provas e de indícios indicando que estamos face a instabilidades sistêmicas crescentes que ameaçam seriamente a capacidade de certas populações – e mesmo a humanidade – de se conservar em um ambiente viável.

Colapso?

Não se trata do fim do mundo nem do apocalipse. Mas também não se trata de uma simples crise da qual se saia indene, nem de uma catástrofe localizada da qual nos esqueçamos após alguns meses, como um maremoto ou um ataque terrorista. Um colapso é "um processo ao fim do qual as necessidades de base (água, alimentação, energia, habitação etc.) não serão fornecidas e satisfeitas [a um custo razoável], entre a maior parte da população, por serviços legais"[1]. Trata-se, portanto, de um processo em grande escala, irreversível, como o fim do mundo, certamente, mas não é esse o caso. A sequência se anuncia longa e é preciso vivê-la com uma certeza: não temos os meios de saber do que ela será constituída. Ao contrário, se as nossas "necessidades de base" forem atingidas, então se imagina facilmente que a situação *poderá* se tornar incomensuravelmente catastrófica.

Mas até onde? A quem concerne? Aos países mais pobres? À Europa? Ao conjunto dos países ricos? Ao mundo industrializado? À civilização ocidental? Ao

1. Y. Cochet, L'effondrement, catabolique ou catastrophique?, *Institut Momentun*, 27 de maio de 2011.

conjunto da humanidade? Ou até mesmo, como certos cientistas anunciam, à grande maioria das espécies existentes? Não há respostas claras a essas indagações, mas uma coisa é certa: nenhuma daquelas possibilidades está excluída. As crises pelas quais passamos dizem respeito a todas as categorias: por exemplo, o fim do petróleo concerne ao mundo industrializado (mas nem tanto às pequenas sociedades camponesas esquecidas pela mundialização); as mudanças climáticas, diferentemente, ameaçam toda a humanidade e uma boa parte das espécies viventes.

As publicações científicas que consideram evoluções catastróficas globais e uma probabilidade crescente de colapso são cada vez mais numerosas e bem escoradas. Os relatórios da academia de ciências do Reino Unido publicaram um artigo de Paul e Anne Ehrlich a esse respeito em 2013, deixando poucas dúvidas sobre os resultados[2]. As consequências das mudanças ambientais planetárias consideradas plausíveis para a segunda metade do século XXI manifestam-se hoje concretamente, à luz de números cada vez mais convincentes e aflitivos. O clima se transforma, a biodiversidade se arruína, a poluição se imiscui em toda a parte e se torna persistente, a economia corre o risco de paradas cardíacas a todo instante, as tensões sociais e geopolíticas se multiplicam etc. Já não é incomum ver os decisores de mais alto nível e os relatórios oficiais das maiores instituições (Banco Mundial, IPCC/GIEC, ONGS, ONU) evocarem a possibilidade de um colapso ou daquilo que o príncipe Charles chamou de "um ato de suicídio em grande escala"[3].

De maneira abrangente, Antropoceno é o nome dado a esta nova época geológica que caracteriza o nosso presente[4]. Os humanos saíram do holoceno, uma época de notável estabilidade climática que durou, aproximadamente, doze mil anos, o que permitiu o surgimento da agricultura e das civilizações.

2. Paul R. Ehrlich; Anne H. Ehrlich, Can a Collapse of Global Civilization be Avoided?, *Philosophical Transactions of the Royal Society* B, v. 280, n. 1754, 7 March 2013.
3. Jonathan Brown, Mankind Must go Green or Die, Says Prince Charles, *The Independent*, 23 Nov. 2012.
4. Christophe Bonneuil; Jean-Baptiste Fressoz, *L'Événement Anthropocène: La Terre, l'histoire et nous*, Paris: Seuil, 2013.

Após alguns decênios, os humanos (em todo caso, uma boa parte e em número crescente) tornaram-se capazes de perturbar os grandes ciclos biogeoquímicos do sistema-Terra, criando assim uma nova época de mudanças profundas e imprevisíveis.

Esses dados e constatações são, porém, "frios". No que isso interfere em nosso cotidiano? Não há o sentimento de um enorme vazio a ser preenchido, um traço de união a ser feito entre essas grandes declarações científicas, rigorosas e globais, e a vida do dia a dia que se perde nos detalhes, na confusão dos imprevistos e no calor das emoções? É justamente esse vazio que o livro procura preencher. Fazer a ligação entre o Antropoceno e o seu estômago. Para isso, escolhemos a noção de colapso, pois ela nos permite jogar em diversos tabuleiros, quer dizer, tratar seja das taxas de declínio da biodiversidade, seja das emoções ligadas às catástrofes ou ainda dos riscos de fome. É uma noção que combina tanto com o imaginário cinematográfico largamente compartilhado (quem não visualiza Mel Gibson no deserto armado com um fuzil?) quanto com relatórios científicos restritos; que permite abordar diferentes temporalidades (da urgência cotidiana ao tempo geológico), indo-se facilmente do passado ao presente; ou que permite fazer a ligação entre a crise social e econômica grega e o desaparecimento massivo de insetos e de pássaros na China ou na Europa. Em resumo, é essa noção que torna viva e tangível a de Antropoceno.

Todavia, no espaço midiático e intelectual, a questão do colapso não tem sido tratada com seriedade. O famoso "bug" do ano 2000 e depois o "evento maia ", de 21 de dezembro de 2012[5], afastaram toda possibilidade de uma argumentação séria e fatual. Evocar um colapso em público equivale a anunciar o apocalipse e, portanto, a mandar para a gaveta bem delimitada dos "crentes" e "irracionais" que "sempre existiram". Assunto barrado, passemos a outro. Esse processo de banimento automático – que dessa vez aparece como verdadeiramente irracional – deixou o debate público de tal

5. Um dos três calendários do povo maia, interpretado modernamente, teria previsto o fim do mundo para 2012, tendo gerado expectativas alarmantes entre os místicos. (N. da T.)

forma intelectualmente deteriorado que já não é possível exprimir-se senão por duas posturas caricaturais que frequentemente tocam o ridículo. De um lado, suportamos discursos apocalípticos, sobrevivencialistas ou pseudomaias e, de outro lado, temos de aguentar as denegações "progressistas" de um Luc Ferry, Claude Allègre ou Pascal Bruckner. Ambas as posturas, frenéticas e crispadas em torno de um mito – ou do apocalipse ou do progresso –, se nutrem mutuamente por um efeito "espantalho" e têm em comum a fobia do debate bem assente e respeitoso, o que traz como resultado reforçar a atitude de negação coletiva e sem complexos que tão bem caracteriza a nossa época.

Nascimento da Colapsologia

Apesar da grande qualidade de certas reflexões filosóficas na abordagem do assunto[6], o debate sobre o colapso (ou sobre o "fim do mundo") peca pela ausência de argumentos fatuais. Fica-se no terreno do imaginário ou da filosofia, quer dizer, essencialmente distante do solo. Os livros que tratam do colapso estão em geral enclausurados em determinado ponto de vista ou numa disciplina (arqueologia, economia, ecologia etc.), e os que têm uma intenção sistêmica são lacunares. *Colapso*, por exemplo, o *best-seller* de Jared Diamond, contenta-se com arqueologia, ecologia e biogeografia de civilizações antigas, sem abordar questões essenciais da situação atual[7]. Quanto a outros livros de sucesso, eles tratam habitualmente a questão sob o ponto de vista sobrevivencialista (como fabricar seu arco e flecha ou obter água potável num mundo de fogo e sangue), estimulando no leitor o mesmo frisson sentido durante um filme sobre zumbis.

6. Por exemplo: Jean-Pierre Dupuy, *Pour un catastrophisme éclairé*, Paris: Seuil, 2002; Hicham-Stéphane Hafeissa, *La Fin du monde et de l'humanité*, Paris: PUF, 2014; Patrick Viveret, *Du bon usage de la fin du monde*, Paris: Les Liens qui Libèrent, 2012; Michaël Foessel, *Après la fin du monde*, Paris: Seuil, 2012.
7. J. Diamond, *Effrondement*, Paris: Gallimard, 2006.

Falta não apenas uma análise sistêmica da situação econômica e biofísica do planeta, mas sobretudo uma visão de conjunto do que poderia assemelhar-se a um colapso, de como ele poderia ser disparado e o que poderia implicar em termos psicológicos, sociológicos e políticos para as *gerações atuais*. Falta uma verdadeira ciência aplicada e transdisciplinar do colapso.

Propomo-nos aqui a reunir, a partir de numerosos trabalhos publicados pelo mundo, as bases do que chamamos, não sem uma certa derrisão, de colapsologia (do latim *collapsus*, que cai como um só bloco)[8]. A finalidade não é alimentar o simples prazer científico de acumulação de conhecimentos, mas antes esclarecer o que nos acontece e o que poderá nos acontecer, ou seja, dar um sentido aos acontecimentos. É também, e sobretudo, uma maneira de tratar o assunto com a maior seriedade possível para que se possa discutir serenamente políticas sob uma perspectiva abrangente.

As questões que emergem à simples alusão da palavra "colapso" são numerosas. O que sabemos sobre o estado global de nosso planeta? E do estado de nossa civilização? Um colapso das bolsas de valores é comparável ao colapso da biodiversidade? A conjunção e a perenização de crises podem realmente arrastar nossa civilização a um turbilhão irreversível? Até aonde tudo isso pode ir? E durante quanto tempo? Poderemos manter as conquistas democráticas? É possível viver "de maneira civilizada" um colapso, quer dizer, mais ou menos de modo pacífico? A solução será forçosamente infeliz?

Mergulhar no coração do conceito, compreender suas sutilezas, discernir fatos de fantasmas são objetivos da colapsologia. É urgente romper essa noção e conjugá-la em seus diferentes tempos, dar-lhe textura, detalhes, nuanças, ou, em resumo, torná-la um conceito vivo e operacional. Quer se trate da civilização maia, do Império Romano ou da extinta União Soviética, a história nos mostra haver diversos graus de colapso e, mesmo existindo constantes, cada caso é único.

8. É um particípio do verbo *collabor*, no sentido de desmoronar ou ser violentamente arrancado do lugar. (N. da T.)

Além do mais, o mundo não é uniforme. As relações "Norte--Sul" terão de ser consideradas de um novo ponto de vista. Um norte-americano médio consome muito mais recursos e energia do que um africano médio. No entanto, as consequências do aquecimento climático serão bem piores em países próximos ao Equador, os que menos contribuíram para o efeito estufa. Parece evidente que a temporalidade e a geografia de um colapso não serão, respectivamente, nem linear nem homogênea.

Mas este não é um livro destinado a causar medo. Não trataremos de escatologia milenarista nem de possíveis eventos astrofísicos ou tectônicos que possam desencadear a extinção em massa das espécies, como ocorreu na Terra há 65 milhões de anos. Temos muito a tratar com que os humanos já fizeram sozinhos. Também não é um livro pessimista, descrente do futuro, tampouco um livro "positivo", que minimiza o problema, dando soluções no último capítulo. Trata-se de um livro que procura expor lucidamente os fatos, fazer perguntas pertinentes e reunir utensílios que permitam apreender o assunto de maneira diferente dos filmes de catástrofes hollywoodianos e da "tecno-beatitude". Não apresentamos apenas uma "seleção das más notícias do século", mas propomos um quadro teórico para entender e acolher todas as pequenas iniciativas que já existem no "mundo pós-carbono" e que emergem numa louca velocidade.

Atenção: Assunto Sensível

Somente a racionalidade, porém, não é suficiente para tratar do assunto. Há alguns anos nossa experiência com o público nos ensinou que os números, por si só, não são capazes de dar a medida das coisas. É preciso adicionar a eles a intuição, emoções e um mínimo de ética. A colapsologia não é uma ciência neutra, destacada de seu objeto. Os colapsólogos são tocados diretamente por aquilo que estudam e não podem ficar neutros. Aliás, *não devem* ficar neutros.

Tomar esse caminho não nos deixa indenes. A matéria da colapsologia é um assunto tóxico que concerne ao mais profundo de nosso ser. É um enorme choque que perturba os sonhos. No transcorrer desses anos de pesquisa, fomos submergidos por ondas de ansiedade, de cólera e de profunda tristeza, antes de sentir, progressivamente, uma certa aceitação e até mesmo, por vezes, esperança e alegria. Lendo obras sobre a transição, como o famoso manual de Rob Hopkins[9], pudemos associar todas essas emoções às etapas de um luto. Um luto pela *visão* de um futuro. De fato, começar a compreender e depois acreditar na possibilidade de um colapso significa, finalmente, renunciar ao futuro que havíamos imaginado. É ver-se amputado de esperanças e de sonhos que havíamos forjado para nós desde a mais tenra infância, ou que tínhamos para nossos filhos. Aceitar a possibilidade de um colapso é aceitar ver morrer um futuro que nos era querido e que nos dava segurança, por irracional que fosse. Que dilaceração!

Passamos também pela desagradável experiência de ver a cólera de uma pessoa próxima projetar-se e se cristalizar em nós. É um fenômeno bastante conhecido: para fazer desaparecer a má notícia, prefere-se matar o mensageiro, as Cassandras e os que enviam alertas. Além do fato de que isso não resolve o problema do colapso, prevenimos o leitor, desde já, que não somos apreciadores de tal solução. Discutamos o colapso, mas com a devida calma. É certo que a possibilidade de um total desmoronamento impede os futuros que tanto almejamos e é violento, mas ele abre uma infinidade de outros, dos quais alguns são risonhos. Toda a aposta está, portanto, em familiarizar-se com esses novos futuros e torná-los viáveis.

9. Ver Rob Hopkins, *Manuel de transition: De la dépendance au pétrole à la résilience locale*, Paris: Écosociété /Silence, 2010. R. Hopkins, *Ils changent le monde: 1001 initiatives de transition écologique*, Paris: Seuil, 2014.

Em nossas primeiras intervenções públicas, tivemos o cuidado de abordar apenas fatos e cifras, a fim de permanecermos os mais objetivos possíveis. Em todas as vezes, as emoções do público nos surpreendiam. Quanto mais os fatos estavam claramente expostos, mais fortes eram as reações emotivas. Pensávamos falar à razão e tocávamos o coração: tristezas, angústias, ressentimentos ou efusões de cólera emanavam frequentemente do público. Nosso discurso trazia palavras a intuições que muita gente já tinha, e isso provocava profunda ressonância. Essas reações faziam eco aos nossos próprios sentimentos, que havíamos procurado ocultar. Após as conferências, as demonstrações de gratidão e de entusiasmo eram mais numerosas do que quaisquer outras. Isso nos convenceu de que era preciso não apenas acrescentar o calor da subjetividade ao discurso frio e objetivo, mas ainda que tínhamos muito a aprender com as ciências do comportamento a respeito da negação, do luto, do roteiro a seguir ou de qualquer outro tema vinculado à psicologia do colapso.

Um fosso fora cavado entre nós e os conhecidos que conservavam – e defendiam – esse imaginário de continuidade e de progresso linear. No correr dos anos, afastamo-nos da *doxa*, quer dizer, da opinião geral que atribui um sentido comum às notícias do mundo. Faça a experiência: escute as informações sob outra perspectiva e verá que elas nada têm a ver com a mais profunda realidade. É uma sensação estranha fazer parte do mundo (mais do que nunca), e estar separado da imagem dominante que os outros têm dele. Isso muitas vezes nos faz questionar sobre a relevância do nosso trabalho. Teríamos ficado loucos ou sectários? Não exatamente. Pois, de um lado, o diálogo é sempre possível e, de outro, não podemos ignorar o fato de que não estamos sozinhos, pois o número de c olapsólogos (que estranhamente inclui muitos pesquisadores e engenheiros) e de pessoas sensíveis ao tema cresce, como movimento que toma consciência de si mesmo, uma rede que se conecta e se densifica. Em vários países, especialistas econômicos, cientistas e militares, assim como certos movimentos políticos (de decrescimento, de transição, alternativo) não mais hesitam em abordar explicitamente os cenários de colapso. A blogosfera mundial, ainda que majoritariamente anglófona, é bastante ativa. Na França, o Instituto Momentum fez um trabalho pioneiro nessa direção e muito devemos a ele[10]. A partir de agora, é difícil ignorar o colapso que se aproxima.

Na primeira parte do livro, abordaremos os fatos: o que está prestes a acontecer com nossas sociedades e ao sistema-Terra? Estamos realmente à beira de um turbilhão? Quais são as provas mais convincentes? Veremos que é a convergência de todas as crises que permite visualizar tal trajetória. No entanto, um colapso global ainda não ocorreu (em todo caso, não na Europa do Norte, embora Grécia e Espanha apresentem exemplos incipientes). É preciso, pois, abordar os assuntos perigosos da futurologia. Assim, numa segunda parte, tentaremos reunir índices que nos permitam enxergar esse futuro. A terceira parte, enfim, será um convite à atribuição de espessura a essa noção de colapso. Por que não se acredita nele? O que nos ensinaram as antigas civilizações? Como se faz para "viver com isso"? Como reagiremos na qualidade de corpo social se tal processo durar dezenas de anos? Que políticas considerar, não para evitar essa eventualidade, mas para atravessá-la da maneira mais humana possível? Podemos nós mesmos entrar em colapso, estando conscientes do que se passa?

10. Ver <http://www.institutmomentum.org>.

PREMISSAS DE UM COLAPSO

1.

A ACELERAÇÃO DO VEÍCULO

Tomemos a metáfora do veículo, que surge no início da era industrial. Apenas alguns países entram nele, dão a partida, sendo seguidos por outros ao longo do século. O conjunto desses países embarcados, que chamamos de civilização industrial, tomou uma trajetória muito particular, que descrevemos neste capítulo. Após um início lento mas progressivo, o veículo ganhou velocidade depois da Segunda Guerra Mundial e encetou uma ascensão espetacular, conhecida como "a grande aceleração"[1]. Hoje, após alguns sinais de superaquecimento e de engasgos do motor, o ponteiro da velocidade se põe a vacilar. Vai continuar a subir? Vai se estabilizar? Descer?

Um Mundo de Exponenciais

Foi em vão que o vimos na escola e não estamos habituados a representar um crescimento exponencial. É certo que vemos uma curva subindo, um crescimento, mas que crescimento! Enquanto o espírito humano imagina com facilidade um aumento aritmético, como um cabelo que cresce um centímetro por mês, ele tem dificuldade em representar números exponenciais.

1. Ver W. Steffen et al., The Trajectory of the Anthropocene: The Great Acceleration, *The Anthropocene Review*, n. 2, 2015.

Se dobrarmos em dois um grande pedaço de tecido, após quatro dobras sua espessura medirá, aproximadamente, um centímetro. Se ainda pudermos dobrá-lo 29 vezes, sua espessura alcançará 5.400 quilômetros, ou seja, a distância entre Paris e Dubai. Mais algumas dobras e isso será suficiente para ultrapassar a distância entre a Terra e a Lua. Um PIB, por exemplo o da China, que cresce em média 7% ao ano, significa uma atividade econômica que dobra a cada dez anos e quadruplica em vinte. Após cinquenta anos, teremos negócios com um volume de 32 economias chinesas, ou seja, em valores atuais, o equivalente a quatro economias mundiais suplementares. Como crer sinceramente que isso seja possível no estado atual de nosso planeta?

Não faltam exemplos para descrever o comportamento incrível de uma curva exponencial, da equação do nenúfar, tão cara a Albert Jacquard[2], ao tabuleiro em que cada casa será preenchida com uma quantidade de grãos de arroz multiplicada por dois[3]; todos eles mostram que tal dinâmica é surpreendente e até mesmo contra nossa intuição: quando os efeitos desse crescimento se tornam visíveis, com frequência já é muito tarde.

Na matemática, uma função exponencial sobe aos céus. No mundo real, ou seja, na Terra, existe um teto bem antes do infinito. Em ecologia, esse teto é denominado "capacidade de carga" de um ecossistema (anotado K). Em geral, há três maneiras de um sistema reagir a uma função exponencial (ver figura 1). Tomemos o exemplo clássico de uma população de coelhos que cresce num prado. A população pode se estabilizar suavemente antes do teto (ela não cresce mais, encontrando um equilíbrio com o meio – figura 1a); a população ultrapassa o limite máximo que o prado pode suportar e depois se estabiliza numa oscilação que degrada ligeiramente o prado (figura 1b); a população transpassa o teto e continua a acelerar (*overshooting*), o que conduz a

2. Do geneticista e humanista Albert Jacquard, ver *L'Équation du nénuphar: Les Plaisirs de la science*, Paris: Calmann-Lévy, 1998.
3. O leitor curioso poderá encontrar uma série de exemplos muito educativos do comportamento de uma exponencial no capítulo dois, em D. Meadows et al., *Les Limites de la croissance (dans un monde fini)*, Paris: Rue de l'échiquier, 2012.

um colapso do prado e, depois, da própria população de coelhos (figura 1c)[4].

Esses três esquemas teóricos servem para ilustrar três épocas. O primeiro esquema corresponde à ecologia típica dos anos 1970, ou seja, ainda havia tempo e possibilidade de imprimir uma trajetória de "desenvolvimento durável" (o que os anglófonos chamam de *steady-state economy*). O segundo representa a ecologia dos anos 1990, época em que, graças ao conceito de "pegada ecológica", percebemos que havíamos excedido a capacidade de carga *global* da Terra (K)[5]. Desde então, a cada ano, a humanidade consome mais do que um planeta e os ecossistemas se deterioram. O último esquema representa a ecologia dos anos 2010; após vinte anos, continuamos a acelerar, com *total conhecimento de causa*, destruindo, em um ritmo cada vez maior, o sistema-Terra, o único que nos acolhe e suporta. Seja lá o que digam os otimistas, a época que vivemos está claramente marcada pelo espectro do colapso.

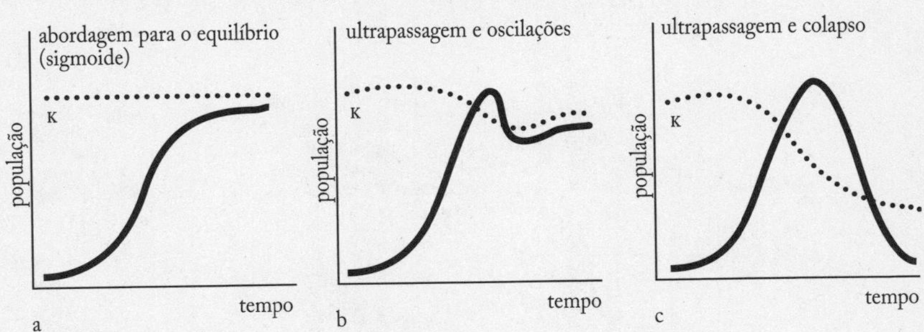

FIG. 1: REAÇÃO DE UM SISTEMA VIVO AO CRESCIMENTO EXPONENCIAL. A curva contínua representa uma população e a pontilhada, a capacidade de suporte do meio ambiente. (Fonte: a partir de D. Meadows et al., *Limits to Growth: The 30 Year Update*, 2004.)

A Aceleração Total

Convém, a partir de agora, ter consciência de que numerosos parâmetros de nossa sociedade e do impacto sobre o planeta

4. Ver C. Hui, Carryng Capacity, Population Equilibrium and Environment's Maximal Load, *Ecological Modelling*, v. 192, 2006.
5. Ver M. Wackernagel; W. Rees, Perceptual and Structural Barriers to Investing in Natural Capital, *Ecological Economics*, v. 20, n. 1, 1997.

TENDÊNCIAS SOCIOECONÔMICAS

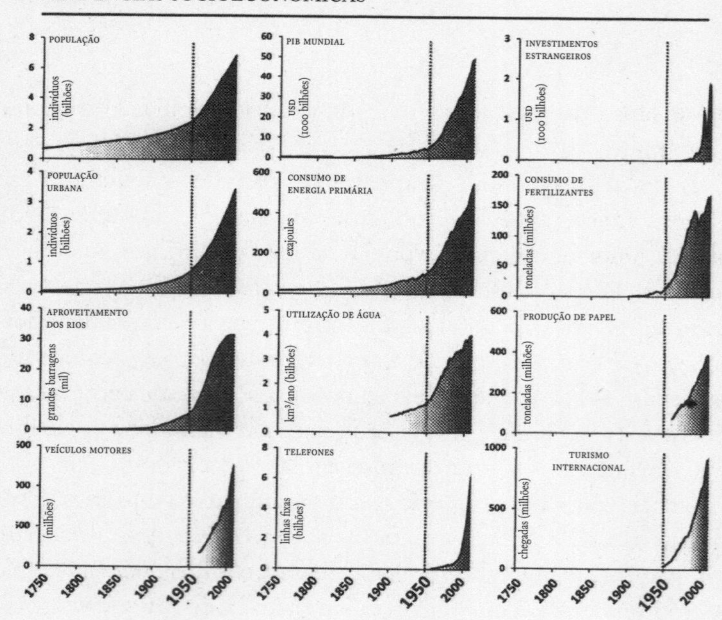

TENDÊNCIAS DO SISTEMA-TERRA

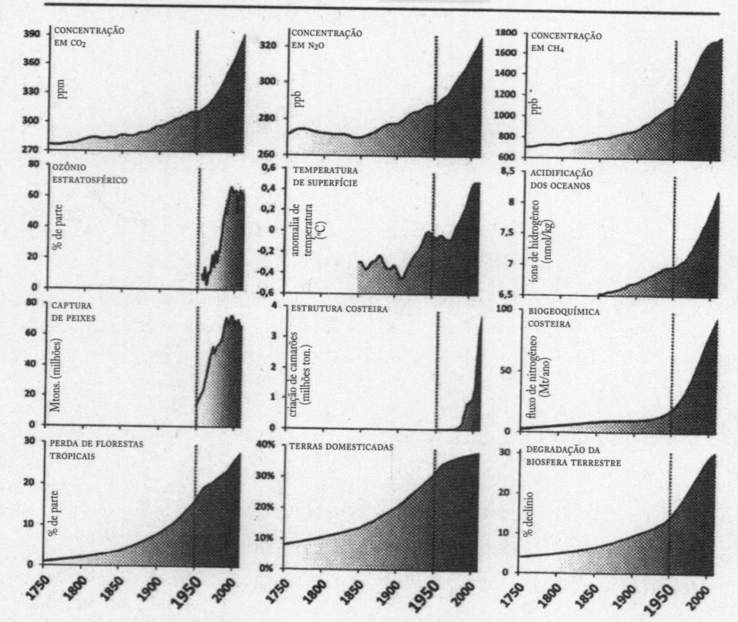

FIG. 2: PAINEL DO ANTROPOCENO. (Fonte: a partir de W. Seteffen et al., The Trajectory of the Anthropocene: The Great Acceleration, *The Anthropocene Review*, 2015, p. 1-18.)

mostram uma velocidade exponencial: a população, o produto interno bruto, o consumo de água e de energia, a utilização de fertilizantes, a produção de motores e de telefones, a movimentação turística, a concentração atmosférica de gás de efeito estufa, o número de inundações, os danos causados aos ecossistemas, a destruição de florestas, a taxa de extinção de espécies etc. A lista não tem fim. Esse "quadro de bordo" (ver figura 2), bastante conhecido entre os cientistas, converteu-se num "logotipo" da nova época geológica chamada Antropoceno, era na qual os humanos tornaram-se uma força que desestabiliza os grandes ciclos biogeoquímicos do sistema-Terra.

O que aconteceu? Por que essa aceleração? Alguns especialistas do Antropoceno datam o início dessa época em meados do século XIX, durante a Revolução Industrial, quando o uso do carvão e da máquina a vapor propiciaram o *boom* das ferrovias no correr dos anos 1840, seguindo-se à descoberta das primeiras jazidas de petróleo. Já em 1907, o filósofo Henry Bergson escrevia, com incrível clarividência:

> Um século se passou após a invenção da máquina a vapor e nós mal começamos a sentir o profundo abalo que ela nos causou. A revolução que operou na indústria não sacudiu menos as relações entre os homens. Novas ideias se elevam. Sentimentos novos estão prestes a eclodir. Em alguns milhares de anos, quando o recuo ao passado não mais deixar perceber senão grandes traços, nossas guerras e nossas revoluções pouco contarão, supondo-se que delas ainda nos lembremos. Mas a máquina a vapor e as invenções de todos os gêneros que lhe fazem cortejo serão faladas, mais ou menos como falamos do bronze ou da pedra talhada. Ela servirá para definir uma era.[6]

A era da máquina térmica e das tecnociências substituiu a das sociedades agrárias e artesanais. O aparecimento do transporte rápido e barato abriu rotas comerciais e apagou as distâncias. No mundo industrial, as cadências infernais da automação das

6. H. Bergson, *L'Évolution créatrice*, Paris: PUF, 2007.

cadeias de produção se generalizaram e, de modo paulatino, os níveis de conforto material aumentaram *globalmente*. Os progressos decisivos em matéria de higiene pública, de alimentação e de medicina aumentaram a expectativa de vida e reduziram drasticamente as taxas de mortalidade. A população mundial, que dobrava a cada mil anos durante os últimos oito mil anos, passou a dobrar a cada século! De um bilhão de indivíduos em 1830, passamos a dois bilhões em 1930. Depois, a aceleração: bastaram quarenta anos para que a população novamente dobrasse: quatro bilhões em 1970 e sete bilhões atualmente[7]. No espaço de uma geração, uma pessoa nascida em 1930 viu a população mundial passar de dois bilhões a sete bilhões. No curso do século XX, o consumo de energia multiplicou-se por dez, a extração de minérios industriais por 27 e a dos materiais de construção por 34[8]. Tanto a escala quanto a velocidade de mudança não têm precedentes na história.

Tal crescimento se constata igualmente nos níveis sociais. O filósofo e sociólogo alemão Hartmut Rosa descreve três dimensões dessa aceleração social[9]: "O aumento das velocidades de deslocamento e de comunicação está na origem dessa experiência tão característica dos tempos modernos de 'retraimento do espaço': as distâncias espaciais parecem reduzir-se na medida em que percorrê-las se torna mais rápido e mais simples."[10] A segunda é a aceleração da mudança social, ou seja, de nossos hábitos e esquemas relacionais, que se modificam cada vez mais rapidamente. Por exemplo, "o fato de que nossos vizinhos se mudem cada vez mais frequentemente, que nossos parceiros de vida, assim como nossos empregos, tenham uma 'meia-vida' cada vez mais curta, e que as modas no vestir, os modelos de automóveis e os estilos musicais populares se sucedam em velocidade crescente". Assistimos a um

7. Dado de 2015. No final de 2022, chegou a oito bilhões. (N. da T.)
8. Ver F. Krausmann et al., Growth in Global Material Use, GPD and Population During the 20th Century, *Ecological Economics*, v. 68, n. 10, 2009.
9. Ver H. Rosa, *Accélération, une critique sociale du temps*, Paris: La Découverte, 2013.
10. Idem, Accéleration et dépression: Réflexions sur le rapport au temps de notre époque, *Rhizome*, n. 43, 2012.

verdadeiro "encurtamento do presente". Terceira aceleração: a do ritmo de nossas vidas, pois como reação ao aceleramento técnico e social, nós tentamos viver mais rapidamente. Preenchemos com mais eficácia nosso emprego de tempo, evitando "perdê-lo", e, estranhamente, tudo o que devemos e queremos fazer parece aumentar de forma indefinida. "A 'falta de tempo' aguda converteu-se em estado permanente das sociedades modernas"[11]. Resultado? Perda da felicidade, *burnout* e depressão em massa. E o auge do progresso, essa aceleração social que produzimos/sofremos sem parar, não tem mais sequer a ambição de melhorar nosso nível de vida, ela serve apenas para manter o *status quo*.

Onde Estão os Limites?

A grande questão de nossa época, portanto, é saber onde se encontra o teto[12]. Temos condições de continuar a aceleração? Há um limite (ou vários) ao crescimento exponencial? Se sim, quanto tempo nos resta antes do colapso?

Simples, e até mesmo simplista, a metáfora do veículo contém o mérito de distinguir claramente os diferentes "problemas" (chamemo-los "crises") com os quais nos defrontamos. Ela sugere existir dois tipos de limites ou, mais precisamente, que há limites (*limits*) e fronteiras (*bounderies*). Os primeiros são intransponíveis, pois se chocam contra as leis da termodinâmica: é o problema do tanque de combustível. Os segundos são ultrapassáveis, mas, sendo dissimulados, são igualmente invisíveis, e só percebemos que os ultrapassamos quando já é tarde demais. É o problema da velocidade do veículo e sua derrapagem.

Os *limites* de nossa civilização são impostos pelas quantidades de recursos ditos

11. Ibidem.
12. Pergunta feita pelo grupo de reflexão Clube de Roma , equipe formada por Donella Meadows, Dennis Meadows, Jorgen Randers e William W. III, em seu relatório publicado em 1972, com o título de *Limits to Growth*. Ver também S. Latouche, *L'Âge des limites*, Mille et une nuits, 2013.

"estoques", por definição não renováveis (energias fósseis e minerais), e os recursos "em fluxo" (água, madeira, alimentos etc.), que são renováveis, mas que nós consumimos num ritmo demasiado rápido para que tenham tempo de se regenerar. Um veículo encontra dificuldade em manter um alto nível de desempenho, pois chega um momento em que não pode mais funcionar por falta de combustível (ver capítulo "A Extinção do Motor").

As *fronteiras* de nossa civilização representam os limiares que não podem ser transpostos, sob pena de desestabilizar e destruir os sistemas que a mantêm viva: o clima, os grandes ciclos do sistema-Terra e os ecossistemas, o que inclui todos os seres vivos. Uma velocidade elevada do veículo não permite a observação dos detalhes da rota, o que aumenta os riscos de acidentes (ver "A Saída de Rota"). Procuraremos ver o que se passa quando, sem prevenção, o veículo sai da pista balizada e entra num caminho incerto e perigoso.

Essas crises são de natureza profundamente diferentes, mas têm todas um denominador comum: a aceleração do veículo. Além do mais, cada um dos limites e das fronteiras tem, *por si só*, a capacidade de desestabilizar seriamente nossa civilização. O problema, em nosso caso, é que nos deparamos, *simultaneamente*, com vários limites, e já transpusemos várias fronteiras!

Quanto ao próprio veículo, ele se aperfeiçoou durante os últimos decênios. Tornou-se mais espaçoso, mais moderno e confortável, mas a que preço! Não só é impossível refreá-lo ou fazê-lo voltar, pois o pedal do acelerador está fixado no piso e a direção bloqueada (ver "A Direção Está Bloqueada?"), mas, o que é mais incômodo, a carroceria se tornou extremamente frágil (ver "Imobilizados em um Veículo Cada Vez Mais Frágil").

O veículo, claro, é a nossa civilização termoindustrial. Nós embarcamos nele, com o GPS programado para um destino ensolarado. Nenhuma parada está prevista. Confortavelmente sentados em nossos hábitos, nos esquecemos da velocidade, ignoramos os seres vivos esmagados na passagem, a energia fantástica dispensada e a quantidade de gás do escapamento que deixamos para trás. Todos sabem muito bem que, uma vez a caminho, importam apenas a hora da chegada, a temperatura do ar-condicionado e a qualidade do som do rádio.

2.

A PANE DO MOTOR (OS LIMITES INTRANSPONÍVEIS)

Comecemos pela energia. Com frequência, nós a consideramos apenas uma questão técnica secundária, após as prioridades, que são a economia, o emprego ou as garantias democráticas. Ora, a energia é o cerne de toda civilização, e em particular na nossa, industrial e consumista. Podem nos faltar, algumas vezes, criatividade, poder de compra ou capacidade de investimento, mas não energia. Trata-se de um princípio físico: sem energia, não há movimento. Sem as energias fósseis, não há mais globalização, indústria e atividade econômica tal como a conhecemos (ao menos depois do século XVIII).

No transcorrer do último século, o petróleo se impôs como o principal carburante para os transportes modernos e, assim, para o comércio mundial, a construção e a manutenção das infraestruturas, a extração dos minerais, a exploração florestal, a pesca e a agricultura. Com uma densidade energética excepcional, fácil de transportar e de estocar, de utilização simples, ele assegura 95% dos transportes globais.

Uma sociedade que tomou o caminho exponencial necessita que a produção e o consumo de energia sigam o mesmo rumo. Ou seja, para manter nossa civilização em marcha, é preciso *aumentar* incessantemente a produção e o consumo de energia. Com isso, chegamos a um pico.

Um pico designa o momento em que o ritmo e o volume de extração alcançam um limite máximo, antes de decair, inexoravelmente. Não é só uma teoria, mas um princípio geológico: no início, os recursos extrativos são de fácil acesso, a produção explode, mais tarde estagna e, por fim, declina, quando só restam materiais de acesso mais difícil, descrevendo assim uma curva em formato de sino (ver figura 3). O alto da curva, que é o momento de pico, não significa a exaustão do recurso, mas, antes, o princípio do fim. Essa noção se utiliza classicamente para os recursos extrativistas, como os combustíveis fósseis e os minerais (metais, fósforo, urânio etc.), mas pode-se também aplicá-la (às vezes abusivamente) a outros aspectos da sociedade, como à população ou ao PIB, na medida em que tais parâmetros estão fortemente correlacionados à extração de recursos.

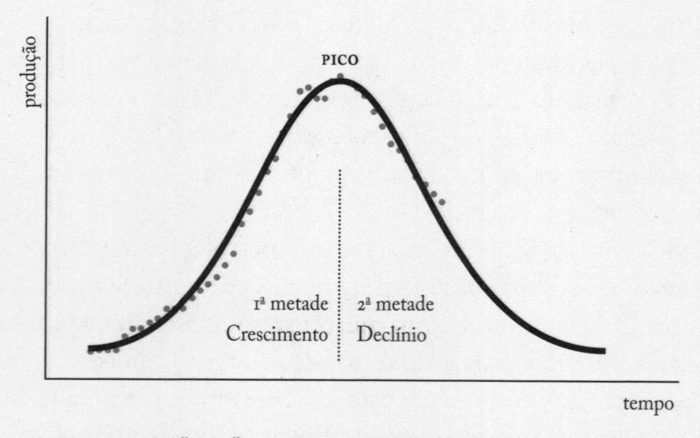

FIG. 3: O CONCEITO DE "PICO" FOI APRESENTADO PELO GEOFÍSICA MARION KING HUBBERT EM 1956 PARA A PRODUÇÃO CONVENCIONAL DE PETRÓLEO NOS ESTADOS UNIDOS. O pontilhado que segue a curva representa a produção petrolífera norueguesa que atingiu o seu pico em 2001. (Fonte: BP Stat. Review, 2013.)

Do Pico, a Descida Energética?

Ora, nós chegamos ao extremo da curva da produção de petróleo convencional. Nas próprias palavras da Agência Internacional de Energia, reputada por seu otimismo em matéria de reservas petrolíferas, o pico mundial do petróleo convencional, ou seja, 80% da produção petrolífera, foi transposto em 2006[1]. Depois disso, nos encontramos sobre um "platô ondulante". Ultrapassado esse platô, a produção mundial de petróleo começará a declinar[2].

Conforme as estatísticas mais recentes[3], a metade dos vinte primeiros países produtores, o que representa três quartos da produção mundial de petróleo, já ultrapassou seu respectivo pico, entre eles os Estados Unidos, a Rússia, a Venezuela, o Irã, o Iraque, o México, a Noruega, a Argélia e a Líbia[4]. Durante os anos 1960, para cada barril consumido, a indústria descobria seis. Atualmente, *com uma tecnologia de muito maior desempenho*, o mundo consome sete barris para cada um descoberto.

Em uma síntese científica publicada em 2012, pesquisadores britânicos concluíram que "mais de dois terços da capacidade atual de produção de petróleo bruto deverá ser substituída, de agora a 2030, simplesmente para manter a produção constante. Considerando a queda a longo prazo de novas descobertas, esse será o maior desafio, mesmo que as condições [políticas e socioeconômicas] se revelem favoráveis"[5]. Assim, de agora a 2030, e apenas *para se manter*, a indústria deverá encontrar um fluxo de sessenta milhões de barris/dia, ou seja, o equivalente à capacidade diária de seis Arábias Sauditas.

O conhecimento sobre o estado das reservas ficou mais preciso e um número crescente de multinacionais, governos, especialistas e organizações internacionais, tornou-se

1. Ver Agência Internacional de Energia, *World Energy Outlook*, 2010.
2. Ver R. Miller; S. Sorrell, The Future of Oil Supply, *Philosophical Transactions of the Royal Society* A, v. 372, n. 2006, 2014.
3. Ver BP *Statistical Review of World Energy*, 2014.
4. Ver S. Andrews; R. Udall, The Oil Production Story: Pre and Post-Peak Nations, *Association for the Study of Peak Oil and Gas*, USA, 2014.
5. S. Sorrell et al., Shaping the Global Oil Peak: A Review of the Evidence on Field Sizes, Reserve Growth, Decline Rates and Depletion Rates, *Energy*, v. 37, n. 1, 2012.

pessimista quanto ao futuro da produção. Os autores do estudo precedente concluem: "uma baixa contínua da produção do petróleo convencional parece provável antes de 2030 e há um grande risco de que isso ocorra nos anos 2020"[6], uma constatação da qual compartilham os relatórios financeiros do governo inglês[7] e das Forças Armadas americana[8] e alemã[9]. Em resumo, um consenso se efetiva, o de que a era do petróleo facilmente acessível está terminada e de que entramos em uma nova[10].

A situação petrolífera está de tal forma tensa que vários dirigentes de empresas já fazem soar o alarme. No Reino Unido, um consórcio de grandes empresas, o ITPOES (The United Kingdom Industry Task Force on Peak Oil and Energy Security), asseverou em seu relatório de fevereiro de 2010: "Como esperamos taxas máximas de extração [...] devemos ser capazes de planejar nossas atividades em um mundo em que os preços do petróleo são suscetíveis de serem, simultaneamente, elevados e instáveis e no qual os choques dos preços têm o potencial de desestabilizar as atividades econômicas, políticas e sociais."[11]

Para alguns observadores mais otimistas, ao contrário, as estimativas que concluem por um pico estariam baseadas em quantidades máximas extrativas muito alarmistas. Assim, um grupo de pesquisadores se debruçou sobre a controvérsia, comparando um leque de cenários, variando dos mais pessimistas aos mais otimistas. Resultado: somente os cenários considerados pessimistas se ajustavam aos dados reais observados durante os últimos onze anos anteriores ao estudo[12]. Este confirmava então a entrada em declínio irreversível da produção mundial de petróleo convencional.

6. R. Miller; S. Sorrell, Preface of the Special Issue on the Future of Oil Supply, *Philosophical Transactions of the Royal Society* A, v. 372, n. 2006, 2014.
7. Ver S. Sorell et al., An Assessment of the Evidece for a Near-term Peak in Global Oil Production, UK Energy Research Centre, 2009.
8. Ver United States Joint Forces Command, "The Joint Operating Environment 2010".
9. Ver Bundeswehr, Peak Oil: Sicherheitspolitische Implikationen knapper Ressourcen, Planungsamt der Bundeswehr, 2010.
10. Ver J. Murray; D. King, Climate Policy: Oil's Tipping Point Has Passed, *Nature*, v. 481, n. 7382, 2012.
11. ITPOES, *The Oil Crunch: A Wake-Up Call for the UK Economy, Second Report*, 2010.
12. Ver J.R. Hallock et al., Forecasting the Limits to the Availability and Diversity of Global Conventional Oil Supply: Validation, *Energy*, v. 64, 2014.

Que assim seja, mas e as novas jazidas, em particular as chamadas de petróleos não convencionais, quer dizer, os hidrocarbonetos pesados e/ou presos em grandes profundidades, entre a areia, o alcatrão e rochas da crosta terrestre? Ou seja, as plataformas marítimas em águas profundas brasileiras e árticas, as areias betuminosas do Canadá, o gás e o petróleo de xisto não vão substituir progressivamente o petróleo bruto convencional?

Não, e os fatos são avassaladores. No que diz respeito ao petróleo e ao gás de xisto, passemos rapidamente sobre o fato de que as técnicas de extração ameaçam o ambiente e a saúde dos ribeirinhos[13], provocam abalos de terra[14], fugas de metano[15] e de materiais radioativos[16], consomem enormes quantidades de energia[17], de areia e de água doce[18] (voltaremos a isso) e contaminam os lençóis freáticos[19].

De fato, as empresas de perfuração apresentam balanços financeiros desastrosos. Conforme o relatório da administração americana de energia, a tesouraria combinada de 127 empresas que exploram o petróleo e o gás de xisto americanos acusaram um déficit de 106 bilhões de dólares para o ano fiscal 2013-2014, déficit que elas se apressaram a cobrir por meio de novas linhas de crédito[20]. E, para atrair mais investidores e apresentar um resultado positivo a analistas financeiros, tiveram de vender 73 bilhões em ativos. Resultado: dívidas que explodem e uma capacidade cada vez mais débil de gerar receitas necessárias à cobertura das dívidas[21].

Um estudo encomendado pelo governo britânico previne: "Uma dependência maior

13. Ver M.L. Finkel; J. Hays, The Implications of Unconventional Drilling for Natural Gas: A Global Public Health Concern, *Public Health*, v. 127, n. 10, 2013.
14. Ver W. Ellsworth, Injection-Induced Earthquakes, *Science*, v. 341, n. 6142, 2013.
15. Ver R.J. Davies et al., Oil and Gas Wells and Their Integrity: Implications for Shale and Unconventional Resource Exploitation, *Marine and Petroleum Geology*, v. 56, 2014.
16. Ver H.J. Fair, Radionuclides in Fracking Wastewater, *Environmental Health Perspectives*, v. 122, n. 2, 2014.
17. Ver C. Cleveland; P.A. O'Connor, Energy Return on Investment(EROI) of Oil Shale, *Sustainability*, v.3, n. 11, 2011.
18. Ver B.R. Scanlon et al., Comparison of Water Use for Hydraulic Fracturing for Shale Oil and Gas Production Versus Conventional Oil, *Environmental Science & Technology*, v. 45, n. 20, 2014.
19. Ver E. Stokstad, Will Fracking Put too Much Fizz in Your Watter?, *Science*, v.344, n. 6191, 2014.
20. Ver US Energy Information Administration, As Cash Flow Flattens, Major Energy Companies Increase Debt, Sell Assets, *Today in Energy*, 29 jul. 2014.
21. Ver A. Loder, Shakeout Threatens Shale Patch as Frackers go for Broke, *Bloomberg*, 27 maio 2014.

de recursos que se utilizem da fraturação hidráulica agravará a tendência às taxas de declínio, visto que os poços já não contêm platô e se reduzem de modo extremamente rápido, às vezes 90% durante os cinco primeiros anos."[22] Outros avançam uma quantidade de 60% de declínio da produção já no primeiro ano[23]. Assim, para evitar a falência, as companhias devem perfurar cada vez mais poços e empenhar mais dívidas, para compensar ao mesmo tempo o declínio dos poços e aumentar suas produções, as quais continuarão a servir para pagar as dívidas crescentes. Uma corrida contra o relógio cujo resultado já sabemos de antemão.

É essa pequena bolha que muitas pessoas não viram ou não quiseram ver, apregoando que as energias fósseis não convencionais permitiriam aos Estados Unidos reencontrar uma certa independência energética[24]. Querendo inflar artificialmente o crescimento e a competitividade dos Estados Unidos, o Banco Central Americano (FED) permitiu às companhias petrolíferas fazer empréstimos a taxas de juros extremamente baixas, fabricando assim uma bomba de efeito retardado: a menor subida das taxas de juros poriam as menores empresas às bordas da falência. O problema é sensivelmente o mesmo para o gás de xisto[25]. Segundo a administração Obama, esse edifício se sustentará por apenas alguns anos, após ter alcançado seu teto em 2016[26].

Estimativas muito otimistas da Agência Internacional de Energia indicam que as areias betuminosas do Canadá ou da Venezuela fornecerão cinco milhões de barris por dia até 2030, o que representa menos de 6% do total de carburantes nessa data (por projeção)[27]. Dessa maneira, será impossível, *no melhor dos casos*, compensar o declínio do convencional.

22. S. Sorrell et al., op. cit., 2009.
23. Ver D.J. Hughes, Energy: A Reality Check on the Shale Revolution, *Nature*, v. 494, n. 7437, 2013.
24. Por exemplo: D. Yergin, US Energy is Changing the World Again; L. Maugeri, The Shale Oil Boom: A US Phenomenon, *Belfer Center for Science and International Affairs, Discussion Paper*, 2013.
25. Ver B.K. Sovakool, Cornucopia or Curse: Reviewing the Costs and Benefits of Shale Gas Hydraulic Fractoring, *Renewable and Sustainable Energy Reviews*, v. 37, 2014.
26. Ver US Energy Information Administration, *Annual Energy Outlook*, 2014.
27. Apud S. Sorrell et al., op. cit., 2009.

E o Ártico? Os riscos para o ambiente[28] e para os investidores[29] são demasiadamente altos. Mesmo com os preços do barril elevados, grandes *majors*[30] se retiraram da corrida, como a Shell, que suspendeu suas explorações em 2013[31], ou a Total, que fez o mesmo, tomando o cuidado de advertir o conjunto dos atores da mineralogia dos perigos potenciais[32].

Os biocarburantes não são mais "tranquilizadores". Sua contribuição prevista está limitada a 5% dos carburantes pelos próximos quinze a vinte anos[33], sem contar que alguns deles ameaçam a segurança alimentar de certos países[34].

Imaginar que a eletrificação do sistema de transporte possa substituir o petróleo não é algo realista. As redes elétricas, as baterias e as peças de recarga são fabricadas com metais raros (e eles se esgotam), e todo o sistema elétrico consome energias fósseis: estas são necessárias para o transporte de peças de recarga, de trabalhadores, de materiais para a construção e a manutenção das centrais, assim como para a extração de minérios. Sem petróleo, o sistema elétrico atual, incluindo o nuclear, entraria em colapso.

Na verdade, é inimaginável substituir o petróleo por outros combustíveis que bem conhecemos. De um lado, porque nem o gás natural ou o carvão, nem a madeira ou o urânio têm as qualidades excepcionais do petróleo, facilmente transportável e muito denso em energia. De outro, porque essas energias se esgotariam num instante, tanto pelo fato de suas datas de pico se aproximarem[35] quanto, e sobretudo, porque a maior parte das máquinas e das infraestruturas necessárias à sua exploração funciona com petróleo. O declínio do petróleo,

28. Ver C. Emmerson; G. Lahn, *Artic Opening: Opportunity and Risk in the High North*, Chatam House-Lloyd's, 2013.
29. Ver J. Marriot, Oil Projects Too Far: Banks and Investors Refuse Finance for Artic Oil, *Platform Education Research London*, 24 abr. 2012.
30. Grandes empresas petrolíferas. (N. da T.)
31. Ver A. Garric, Après une série noire, Shell renonce à forer en Arctique, *Le Monde*, 28 fev. 2013.
32. Ver G. Chazan, Total Warns Against Oil Drilling in Artic, *Financial Times*, 25 set. 2012.
33. Ver G.R. Timilsina, Biofuels in the Long-Run Global Energy Supply Mix for Transportation, *Philosophical Transactions of the Royal Society* A, v. 372, n. 2006, 2014.
34. Ver T. Koizumi, Biofuels and Food Security in the US, EU and Other Countries, *Biofuels and Food Security*, Springer Publishing, 2014.
35. Ver G. Maggio; G. Cacciola, When Will Oil, Natural Gas and Coal Peak?, *Fuel*, v. 98, 2012.

portanto, arrastará consigo o declínio de todas as demais energias. Assim, é perigoso subestimar a extensão do trabalho a ser realizado para compensar o declínio do petróleo convencional.

Mas não é tudo. Os principais minérios e metais tomam o mesmo caminho que a energia, ou seja, o do pico[36]. Um estudo recente avaliou a raridade de 88 recursos não renováveis e a probabilidade de que eles se encontrem em situação de penúria permanente antes de 2030[37]. Entre as elevadas probabilidades, encontram-se a prata, indispensável à construção das eólicas, o mineral índio (ou índigo), componente indispensável para algumas células voltaicas, ou ainda o lítio, que encontramos nas baterias. E coube ao estudo concluir: "tais penúrias terão um efeito devastador sobre nossas vidas". Seguindo o mesmo veio, veem-se aparecer estimativas de picos do fósforo[38] (adubo indispensável da agricultura em larga escala), da atividade pesqueira[39] e mesmo da água potável[40]. E a lista poderia facilmente ser alongada. Como explica o especialista em recursos minerais Philippe Bihouix, em *L'Âge des low tech* (A Era das Baixas Tecnologias), "nós poderíamos admitir tensões em um ou outro recurso, energia ou metal. Mas o desafio é que devemos agora enfrentá-las em todos eles, simultaneamente: [não há] mais energia necessária para os metais menos concentrados, e [não há] mais metais necessários para uma energia menos acessível"[41]. Aproximamo-nos rapidamente daquilo que Richard Heinberg chama *peak everything* (o pico de tudo)[42]. Lembremo-nos da surpreendente curva exponencial: uma vez as consequências visíveis, tudo é apenas uma questão de anos ou até de meses.

Em suma, podemos esperar um declínio iminente da disponibilidade de energias

36. Ver U. Bardi et al., *Extracted: How the Quest for Mineral Wealth is Plundering the Planet*, Chelsea Green Publishing, 2014.
37. Ver C. Clugston, Increasing Global Nonrenewable Natural Resource Scarcity: An Analysis, *Energy Bulletin*, v. 4, n. 6, 2010.
38. Ver D. Cordell et al., The Story of Phosphorus: Global Food Security and Food for Thought, *Global Environment Change*, v. 19, n. 2, 2009.
39. Ver R.A. Myers; B. Worm, Rapid Worldwide Depletion of Predatory Fish Communities, *Nature*, v. 423, n. 6937, 2003.
40. Ver P.H. Gleick; M. Palaniappan, Peak Water Limits to Freshwater Withdrawal and Use, PNAS, v. 7, n. 25, 2010.
41. P. Bihouix, *L'Âge des low tech: Vers une civilisation techniquement soutenable*, Paris: Seuil, 2014.
42. Ver R. Heinberg, *Peak Everything: Walking up to the Century of Decline in Earth's Resources*, Forest Row: Clairview Books, 2007.

fósseis e de materiais que alimentam a civilização industrial. Por enquanto, nenhuma alternativa parece à altura da depleção vindoura. O fato de a produção estar estagnada, ao custo de um esforço crescente de prospecção das grandes indústrias, por meio de tecnologias de alto desempenho, é um sinal que não engana. Depois do ano 2000, os investimentos consentidos pela indústria aumentaram, em média, 10,9% ao ano, ou seja, dez vezes mais rapidamente do que na década anterior[43]. O próprio fato de que as areias betuminosas, o petróleo de xisto, os biocarburantes, os painéis solares e as eólicas sejam hoje levados a sério por essas mesmas indústrias, que antes os depreciavam, indica que estamos numa época de mudanças. A era dos picos.

Mas o que ocorre quando o pico for ultrapassado? Um declínio lento e gradual da produção de energias fósseis? Possível, mas permita-nos duvidar por duas razões. A primeira é que, uma vez excedido o pico de suas próprias jazidas, os países produtores de petróleo deverão enfrentar um crescente consumo interior. Ora, se eles decidirem, legitimamente, cessar suas exportações para responder a essa demanda, será em detrimento de grandes países importadores (como a França), e isso poderia dar início a guerras de monopolização que perturbariam as capacidades de produção. Em todo o caso, o declínio será verossimilmente mais rápido do que antes previsto. A segunda razão é que…

No Alto do Pico, Há um Muro!

Normalmente, após uma curva em forma de sino ter subido de um lado, resta o outro para descer. Com toda a lógica, portanto, resta no subsolo da Terra a metade do petróleo que já descobrimos. Exato! E há um fato evidente: as quantidades de

43. Ver Barclays Research Data, apud S. Koptis, Oil and Economic Growth: a Supply – constrained View, Columbia University, *Center on Global Energy Policy*, 11 fev. 2014, http://tinyurl.com/mhkju2k.

energias fósseis estocadas no fundo da Terra ainda são gigantescas, e tanto mais importantes caso se considerem os hidratos de metano que se poderiam explorar sob os pergelissolos[44] siberianos e canadenses. E então, boas-novas?

Não nos regozijemos tão depressa. Em primeiro lugar, seria uma catástrofe para o clima (ver "A Saída de Rota"). Depois, mesmo que o quiséssemos, não conseguiríamos extrair todo esse petróleo. E a razão é simples: para extraí-lo é preciso energia, demasiada energia: prospecção, estudos de viabilidade, máquinas, poços, condutos, estradas, manutenção e segurança de todas as infraestruturas etc. Ora, o simples bom senso quer que, numa empresa extrativa, a quantidade de energia que se recolha seja superior à investida. É lógico. Caso se consiga menos do que o investido, não vale a pena perfurar. Tal relação entre a energia produzida e a utilizada previamente chama-se *taxa de retorno energético* (TRE ou EROI, em inglês, de *energy return on investiment*).

Eis um ponto verdadeiramente crucial. Após o esforço de extração, é o *excedente de energia* que permite o desenvolvimento de uma civilização. No início do século XX, o petróleo norte-americano continha uma TRE fantástica de 100:1, ou seja, para cada unidade de energia investida, obtinham-se cem. Mal se perfurava, o petróleo esguichava. Já em 1990, a TRE era de 35:1 e, atualmente, de cerca de 11:1[45]. A título de comparação, a TRE média da produção mundial de petróleo convencional situa-se entre 10:1 e 20:1[46]. Nos Estados Unidos, a TRE de areias betuminosas está entre 2:1 e 4:1, a dos agrocarburantes entre 1:1 e 1,6:1 (sendo 10:1 no caso do etanol de cana) e entre 5:1 e 15:1[47] para a energia nuclear. A taxa do carvão é de, aproximadamente, 50:1 (na China, de 27:1), a do petróleo de xisto por volta de 5:1 e a do gás natural em torno de 10:1[48]. Todas essas taxas se encontram não apenas em declínio,

44. Ou permafrost, camadas de terra ainda congeladas nas regiões árticas, siberianas e canadenses. (N. da T.)
45. Ver C. Cleveland, Net Energy From the Extraction of Oil and Gas in USA, *Energy*, v. 30, 2005.
46. Ver N. Gagnon et al., A Preliminar Investigation of Energy Return on Energy Investment for Global Oil and Gas Production, *Energies*, v. 2, n. 3, 2009.
47. Ver D.J. Murphy; C.A.S. Hall, Year Review: EROI of Energy Return on Invested, *Annals of the NY Academy of Sciences*, v. 1185, n. 1, 2010.
48. Ver C.A.S. Hall et al., EROI of Different Fuels and the Implication for Society, *Energy Policy*, v. 64, 2014.

mas num declínio *que se acelera*, pois é sempre preciso cavar mais profundamente, ir sempre mais longe no mar e utilizar técnicas e estruturas crescentemente custosas para manter os níveis de produção. Que se imagine, por exemplo, a quantidade de energia necessária para injetar milhões de toneladas de CO_2 ou de água doce nas jazidas envelhecidas, as estradas a construir e os quilômetros a percorrer para alcançar as zonas remotas da Sibéria...

O conceito de TRE aplica-se tão somente às energias fósseis. Para se obter a energia de uma eólica, por exemplo, é preciso antes despender a energia necessária para reunir todos os materiais que servem à sua fabricação, depois produzi-la, instalá-la e conservá-la. Nos Estados Unidos, a energia solar por concentração (os grandes espelhos no deserto) ofereceria um rendimento de cerca de 1,6:1[49]. A fotovoltaica na Espanha, por volta de 2,5:1[50]. Quanto à eólica, ela mostraria um balanço um pouco mais encorajador, de aproximadamente 18:1. Infelizmente, essas quantidades não levam em conta o caráter intermitente desse tipo de energia e a necessidade de acrescer um sistema de estocagem ou uma central eletrotérmica. Caso isso seja considerado, a TRE das eólicas desceria a 3,8:1[51]. Apenas a hidroeletricidade ofereceria um rendimento confortável, situado entre 35:1 e 49:1. Mas além do fato de que esse tipo de produção perturba seriamente os hábitats naturais[52], um estudo recente mostrou que os 3.700 projetos em curso ou planejados no mundo aumentariam a produção elétrica mundial em apenas 2 pontos percentuais (de 16% a 18%)[53].

Em resumo, as energias renováveis não contêm potência suficiente para compensar o declínio das energias fósseis, e não há energia fóssil (e de minerais) suficiente para desenvolver massivamente as energias renováveis, de modo a compensar seu declínio. Como assevera Gail Tverberg, atuário e especialista em economia

49. Ver C.A.S. Hall et al., op. cit, 2014.
50. Ver P.A. Prieto; C.A.S. Hall, *Spain's Photovoltaic Revolution: The Energy Return on Investment*, New York: Springer, 2013.
51. Ver D. Weissbach et al., Energy Intensities, EROIS and Energy Payback Times of Electricity Generating Power Plants, *Energy*, v. 52, 2013.
52. Ver B. Plumer, We're Damming up Every Last Big River on Earth: Is That a Good Idea?, *Vox*, 28 out. 2014.
53. Ver C. Zarfl et al., A Global Boom in Hydropower Dam Construction, *Aquatic Sciences*, 2014.

energética, "dizem que as energias renováveis vão nos salvar, mas é mentira. O eólico e o solar fotovoltaico fazem parte de nosso sistema baseado em energias fósseis, tanto quanto qualquer outra fonte de eletricidade"[54].

O problema é que nossas sociedades modernas têm necessidade de uma TRE mínima para gerar o conjunto dos serviços atualmente oferecidos às populações[55]. O princípio de exploração energética é grosseiramente o seguinte: em primeiro lugar, alocamos o excedente energético disponível para as tarefas indispensáveis à sobrevivência, por exemplo, à produção alimentar, à construção civil e ao sistema de saúde nas cidades. Em seguida, repartimos o saldo restante para o funcionamento dos sistemas de: justiça, segurança nacional, seguridade social, saúde e educação. Enfim, se nos restar um excedente energético, nós o utilizamos em diversões e atividades artísticas.

A taxa de retorno energético mínimo para fornecer o conjunto dos serviços atualmente foi avaliada num intervalo entre 12:1 e 13:1[56]. Em outros termos, trata-se de um limiar abaixo do qual não se deve aventurar-se, sob pena de se impor a decisão coletiva, com todas as dificuldades que isso implica, de renunciar a determinados serviços para conservar os demais[57]. Com uma TRE média em declínio para as energias fósseis e uma TRE que não ultrapassa 12:1 para as energias renováveis, nós nos aproximamos perigosamente desse limiar.

Certamente, todos esses intervalos de números e de cifras podem ser discutidos, mas o princípio geral o é bem menos. A ideia a ser apreendida é que nos defrontamos com um muro termodinâmico que se aproxima *cada vez mais rapidamente*. Hoje, cada unidade de energia é extraída a um custo ambiental, econômico e energético mais elevado.

Índices econômicos também permitem

54. G.E. Tverberg, Converging Energy Crises: And How Our Current Situation Differs From the Past, *Our Finite World*, 29 maio 2014.
55. C.A.S. Hall et al., What is the Mini Ver mum EROI That a Sustainable Society Must Have, *Energies*, v. 2, 2009.
56. Ver J.G. Lambert et al., Energy, EROI and Quality of Life, *Energy Policy*, v. 64, 2014.
57. Ver B. Thévard, La Diminuition de l'énergie nette, frontière ultime de l'Anthropocène, *Institut Momentum*, 2013.

visualizar esse muro. Duas equipes de pesquisa, com métodos diferentes, modelizaram recentemente a complexa relação entre a TRE e o custo de produção (por barril)[58]. E suas conclusões são idênticas: quando a taxa de retorno do combustível fóssil passa abaixo de 10:1, os preços aumentam de maneira não linear, ou seja, exponencialmente (ver figura 4). Essa tendência de alta dos custos de produção é igualmente perceptível para o gás, o carvão, o urânio, assim como para metais e minerais indispensáveis à fabricação de energias renováveis[59].

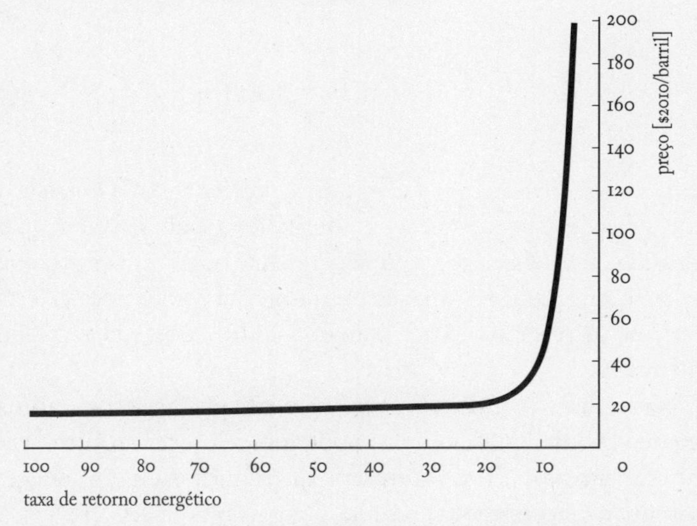

FIG. 4: MODELIZAÇÃO DO PREÇO DO BARRIL DE PETRÓLEO EM FUNÇÃO DA TRE, com a ajuda de correlações históricas observadas. (Fonte: apud M.K. Heun; M. De Wit, Energiy Return on (Energy) Invested (EROI), Oil Prices , and Energy Transitions, *Energy Policy*, v. 40, 2012, p. 147-158.)

Sabendo-se que, aproximadamente, dois terços do crescimento dos Trinta Anos Gloriosos são devidos à combustão de energias fósseis, sendo o resto produto do trabalho e de investimentos[60], podemos

58. Ver C.W. King; C.S. Hall, Relating Financial and Energy Return on Investment, *Sustainability*, v. 3, n. 10, 2011; M. Heun; M. de Wit, Energy Return on (Energy) Invested (EROI), Oil Process and Energy Transitions, *Energy Policy*, v. 40, 2012.
59. Ver U. Bardi et al., op. cit. 2014.
60. Ver G. Giraud et al., *Produire plus, polluer moins: l'impossible découplage?*, Paris: Les Petits Matins, 2014.

deduzir que o declínio inexorável da TRE das energias fósseis trará consigo uma enorme deficiência, tornando a promessa de crescimento econômico impossível de ser mantida[61]. Dito de outra forma, um declínio energético anuncia nada menos do que o fim inexorável do crescimento da economia mundial.

É também pela visão da curva da figura 4 que se toma consciência de nos depararmos com um muro, retomando a metáfora do veículo. Um muro intransponível, pois construído sobre as leis da termodinâmica.

E Antes do Muro... um Precipício

Em tais condições, temos dificuldade em ver como a nossa civilização poderia reencontrar um horizonte de abundância ou de continuidade. Mas, por surpreendente que possa parecer, a penúria energética não é a ameaça mais urgente para o nosso motor. Há um outro elemento que o ameaça antes de asfixia: o sistema financeiro.

Na verdade, os sistemas energético e financeiro estão intimamente ligados, ou seja, um não pode sobreviver sem o outro. Eles formam uma espécie de correia de distribuição, um eixo energético-financeiro, o que representa o coração de nossa civilização industrial. Podemos tomar consciência desse liame observando a estreita correlação que há entre a curva do PIB e a da produção de petróleo (ver figura 5). Uma recessão significa um preço do petróleo elevado e um fraco consumo; um período de expansão indica o contrário, um preço baixo de petróleo e um consumo alto. Essa mecânica não é apenas uma simples correlação, mas uma relação de causalidade. Um estudo histórico mostrou que, sobre onze recessões ao longo do século XX, dez foram precedidas

61. Ver D.J. Murphy, The Implications of the Declining Energy Return on Investiment of Oil Production, *Philosophical Transactions of the Royal A*, v. 372, n. 2006, 2013.

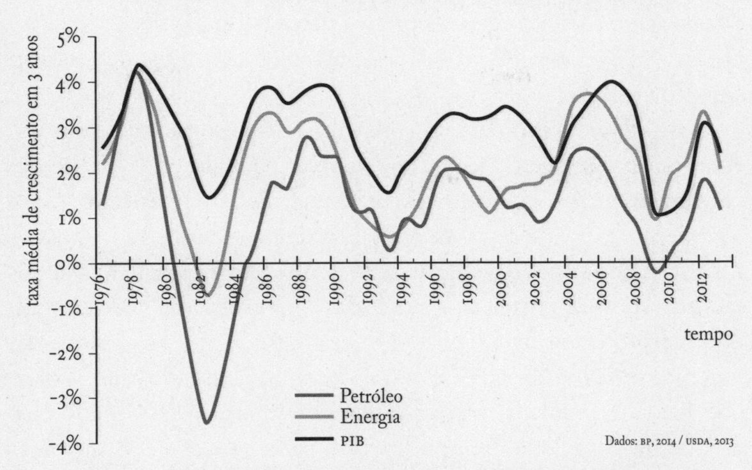

FIG. 5: TAXA DE CRESCIMENTO DO PETRÓLEO, DA ENERGIA E DO PIB MUNDIAL.
(Fonte: apud G.E. Tverberg, Energy and the Economy – Twelve Basic Principles, *Our Finite World*, 14 ago. 2014.)

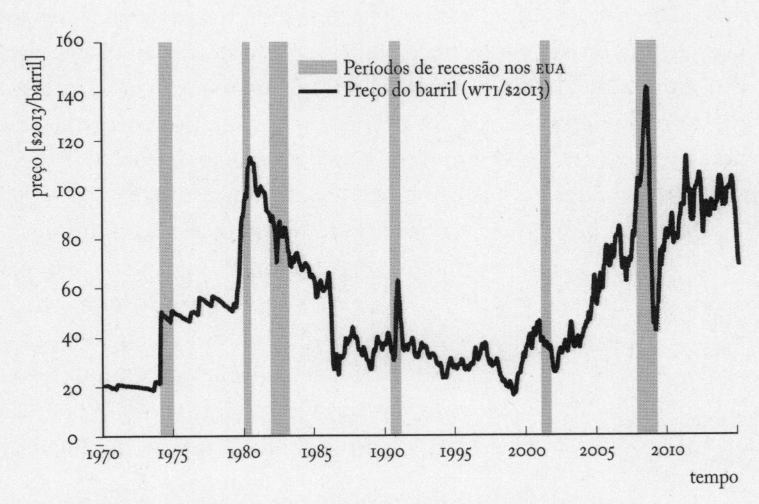

FIG. 6: PREÇO DO BARRIL DO PETRÓLEO E PERÍODOS DE RECESSÃO.
(Fonte: J.D. Hamilton, Causes and Consequences of the Oil Shok of 2007-2008, National Bureau of Economic Research, 2009 [atualizado pelos autores].)

por um forte aumento do preço do petróleo[62] (ver figura 6). Dito de outro modo, uma crise energética precede uma grave crise econômica. Foi o caso dos choques do petróleo dos anos 1970, assim como da crise de 2008.

Considerar os problemas econômicos esquecendo suas origens energéticas é um erro grave. E o inverso o é igualmente. Tendo-se convertido em especialista nesse eixo energético-financeiro, Gail Tverberg observa que, num contexto de pico, não é mais possível extrair quantidades significativas de energia fóssil sem uma quantia sempre crescente de dívidas. "O problema com o qual nos defrontamos atualmente é que, uma vez que os custos dos recursos se tornam mais elevados, o sistema baseado em dívidas não funciona mais. E um novo sistema financeiro baseado em dívidas não funciona melhor do que o precedente."[63] Um sistema de dívidas tem uma necessidade bulímica de crescimento e, portanto, de energia. E o inverso é também verdadeiro. Nosso sistema energético *shoots* as dívidas[64]. Assim, a correia de transmissão gira nos dois sentidos: um declínio na produção de petróleo empurra nossas economias para a recessão e, inversamente, as recessões econômicas aceleram o declínio da produção energética[65]. De modo mais preciso, o sistema econômico mundial encontra-se hoje preso a uma tenaz, entre um preço elevado e um preço baixo do petróleo. Mas ambos são faces de uma única moeda.

Quando o preço do petróleo está muito alto, os consumidores terminam por reduzir suas despesas, o que provoca recessões (e empurra o preço do óleo bruto para baixo). Ao contrário, um preço elevado é uma notícia excelente para as companhias petrolíferas, que podem investir na prospecção, graças ao desenvolvimento de novas tecnologias de extração, o que também permite manter a produção e desenvolver energias alternativas.

62. Ver J.D. Hamilton, Causes and Consequences of the Oil Shock of 2007-08, *National Bureau of Economic Research*, 2009; C. Hall; K. Klitgaard, *Energy and the Wealth of Nations: Understanding the Biophysical Economy*, New York: Springer, 2012.
63. G.E. Tverberg, Low Oil Prices: Sign of a Debt Bubble Collapse, Leading to the End of Oil Supply?, *Our Finite World*, 21 set. 2014.
64. Como no original: disparam ou fazem as dívidas dispararem. (N. da T.)
65. Ver G.E. Tverberg, Oil Supply Limits and the Continuing Financial Crisis, *Energy*, v. 37, n. 1, 2012.

Quando o preço da energia é muito baixo (após uma recessão ou manipulações de ordem geopolítica), o crescimento econômico tende novamente a subir, mas as companhias petrolíferas encontram sérias dificuldades financeiras e reduzem seus investimentos (como vimos após a recente queda dos preços do petróleo[66]), o que compromete a produção futura. O relatório 2014 da Agência Internacional de Energia (AIE) observa que o esforço necessário para compensar o declínio natural de jazidas mais antigas, que já alcançaram a maturidade, "parece ainda mais difícil a perenizar agora que o preço do barril caiu a oitenta dólares [...] em particular para as areias betuminosas e as perfurações ultraprofundas ao largo do Brasil"[67]. E o chefe economista da Agência, o muito otimista Fatih Birol, nota que "nuvens começam a se acumular no horizonte de longo prazo da produção mundial de petróleo; elas carregam, à nossa frente, possíveis condições tempestuosas"[68].

A fragilidade do sistema financeiro mundial não precisa mais ser demonstrada. Ela é constituída por uma rede complexa de créditos e de obrigações que unem os balanços contábeis de inúmeros intermediários, como os bancos, os fundos especulativos e as seguradoras. Como o demonstrou a falência de Lehman Brothers e suas consequências em 2008, tais interdependências criaram um ambiente propício aos contágios[69] (ver "Imobilizados em um Veículo Cada Vez Mais Frágil"). Além disso, a oligarquia política e financeira mundial não dá sinais de que tenha compreendido o diagnóstico e se empenha em tomar decisões inadequadas, contribuindo para fragilizar um pouco mais o sistema financeiro. O mais urgente dos fatores que limitam o futuro da produção petrolífera não é a quantidade das reservas restantes ou a taxa de retorno energético, como poderiam pensar várias pessoas, mas, antes disso, "o tempo que o nosso sistema financeiro interconectado possa manter"[70].

66. Ver E. Ailworth, Drillers Cut Expansion Plans as Oil Prices Drop, *Wall Street Journal*, 6 nov. 2014.
67. *World Energy Outlook*.
68. M. Auzanneau, Pétrole: Le Calme avant la tempête, d'après l'AIE, *Oil Man*, 19 nov. 2014.
69. Ver R. May et al., Complex Systems: Ecology for Bankers, *Nature*, v. 451, n. 7181, 2008.
70. G.E. Tverberg, World Oil Production at 3/31/2014: Where are We Headed?, *Our Finite World*, 23 jun. 2014.

Em resumo, nossas economias estão condenadas a conservar um equilíbrio muito precário, oscilante, em torno de um preço de barril entre oitenta e 130 dólares, e a rogar para que o sistema financeiro, tornado instável, não desmorone. De fato, um período de crescimento econômico débil ou de recessão diminui o crédito disponível e os investimentos das companhias petrolíferas, podendo acarretar uma parada do motor antes mesmo que o limite físico de extração seja alcançado.

Sem uma economia que funcione, não há mais energia acessível. E, sem energia acessível, é o fim da economia como a conhecemos: transportes rápidos, cadeias de provisão longas e fluidas, tratamento de água, aquecimento, internet etc. Ora, a história nos mostra que as sociedades são rapidamente desestabilizadas quando os estômagos roncam. Durante a crise econômica de 2008, o aumento espetacular dos preços de alimentos provocou tumultos em não menos do que 35 países[71].

Em seu último livro, o antigo geólogo e conselheiro do governo britânico Jeremy Leggett identificou cinco riscos sistêmicos mundiais ligados diretamente à energia e que ameaçam a estabilidade da economia mundial: a extinção do petróleo, as emissões de carbono, o valor financeiro das reservas de energia fóssil, o gás de xisto e o setor financeiro. "Um choque que implique um só desses setores seria capaz de dar início a um maremoto de problemas econômicos e sociais, e, certamente, não existe nenhuma lei econômica que estipule que os choques se manifestem em um só setor por vez."[72] Vivemos, pois, muito provavelmente, os últimos engasgos do motor de nossa civilização industrial antes de sua extinção.

71. Ver M. Lagi et al., *The Food Crises and Political Instability in North Africa and Middle East*, Cambridge: New England Complex Systems Institute, 2011.
72. J. Leggett, *The Energie of Nations: Risk Blindness and the Road to Renaissance*, New York: Routledge, 2013.

3. A SAÍDA DE ROTA (AS FRONTEIRAS TRANSPONÍVEIS)

Além dos limites intransponíveis que impedem fisicamente todo o sistema econômico de crescer de maneira infinita, encontramos "fronteiras" invisíveis, vaporosas e dificilmente previsíveis. São limiares além dos quais os sistemas de que dependemos se desregulam, como o clima, os ecossistemas ou os grandes ciclos biogeoquímicos da Terra. É possível até mesmo transpor essas fronteiras, mas as consequências não são menos catastróficas. Aqui, portanto, a metáfora do muro não é de grande utilidade. Nós as representaríamos preferencialmente pelas bordas da estrada, além das quais o veículo abandonaria uma zona de estabilidade e se defrontaria com obstáculos imprevisíveis.

Ainda não conhecemos bem as consequências dessa ultrapassagem das "fronteiras". Diferentemente dos limites que detêm o veículo em seu impulso, as fronteiras não nos impedem de provocar catástrofes; elas nos deixam livres e responsáveis por nossas escolhas, ou seja, *obrigados* apenas por nossa ética e capacidade de antecipar as catástrofes. Não se pode criar energia a partir do nada, mas podemos escolher viver num clima com +4°C acima da média histórica (o que já ocorre em muitos lugares). Mas, para se fazer escolhas responsáveis, é preciso conhecer as consequências dos atos que podem ser praticados. No entanto, é muito mais frequente percebermos as consequências *após* termos ultrapassado os limiares, e quando já é tarde demais.

Aquecimento e Suores Frios

O clima é a mais conhecida das fronteiras invisíveis e adquiriu ao longo dos anos um estatuto especial. De fato, conforme dizem alguns especialistas, as consequências do aquecimento climático têm o poder, *por si só*, de provocar catástrofes globais ou massivas, capazes de pôr fim à civilização e mesmo à espécie humana. No início de 2014, pudemos nos beneficiar de uma extraordinária síntese científica, o quinto relatório do IPCC/GIEC, que foi então categórico: o clima se aquece em decorrência da emissão de gás estufa produzido pela atividade humana[1]. A temperatura média global aumentou 0,85°C depois de 1880, e a tendência acelerou-se nos últimos sessenta anos. O relatório confirma a "regra" segundo a qual as predições mais alarmantes dos relatórios anteriores se tornaram realidade[2]. Já saímos, portanto, das condições requeridas para limitar o aquecimento a +2°C até 2050, e poderemos alcançar +4,8°C no horizonte de 2100, comparativamente ao período 1986-2005. Notemos, de passagem, que as projeções iniciais do IPCC/GIEC sobre a temperatura global se mostraram extraordinariamente precisas[3].

As catástrofes não concernem apenas às gerações futuras, mas à contemporânea. O aquecimento *já provoca* ondas de calor mais longas e intensas e eventos extremos: tempestades, furacões, inundações, incêndios, secas, que causaram grandes perdas nos últimos dez anos[4], como as sofridas pela Europa em 2003 (que levou à morte de setenta mil pessoas[5] e custou treze bilhões de euros ao setor agrícola)[6], assim como outras mais recentes na Rússia, na Austrália e nos

1. Publicado em 27 set. 2013. Ver também J. Cook et al., Quantifying the Consensus on Anthropogenic Global Warming in the Scientific Literature, *Environmental Research Letters*, v. 8, n. 2, 2013.
2. Ver A. Burger et al., Turn Down the Heat: Why a 4°C Warmer World Must be Avoided, *World Bank*, 2012.
3. Ver S. Rahmstorf et al., Comparing Climate Projections to Observations up to 2011, *Environmental Research Letters*, v. 7, n. 4, 2012.
4. Ver D. Coumou; R. Rahmstorf, A Decade of Weather Extremes, *Nature Climate Change*, n. 2, 2012.
5. Ver J.M. Robine et al., Death Toll Exceeded 70,000 in Europe During the Summer of 2003, *Comptes rendus biologies*, v. 331, n. 2, 2008.
6. Ver P. Ciais et al., Europe-Wide Reduction in Primary Productivity Caused Bay the Heat and Drought in 2003, *Nature*, v. 437, n. 7058, 2005.

Estados Unidos[7]. Em 2010, por exemplo, os episódios de seca na Rússia amputaram 25% da produção agrícola e cerca de um bilhão de dólares (1% do PIB), obrigando o governo a renunciar às exportações[8].

Já se constatam falta de água em regiões densamente povoadas[9], perdas econômicas, tumultos sociais, instabilidade política[10], propagação de doenças contagiosas[11], expansão de pragas[12], extinção de diversas espécies vivas, danos irreversíveis a ecossistemas únicos[13], derretimento de placas polares e de glaciares[14], assim como a redução de rendimentos agrícolas. Eis o que já temos por enquanto.

Em um livro intitulado *Alerta: Mudança Climática: A Ameaça de Guerra*, o especialista em questões militares Gwynne Dyer evoca as consequências geopolíticas que poderiam ocorrer de um aquecimento planetário de alguns graus. Retomando as conclusões de relatórios redigidos por antigos altos funcionários militares para o governo dos Estados Unidos, assim como numerosos depoimentos de especialistas, Dyer evoca um leque de cenários, indo de um mundo com +2°C de média, já catastrófico, até +9°C, um cenário de "extinção".

Em um mundo com +2°C de média, "os riscos de conflito são consideráveis. A Índia, por exemplo, já se dispôs a construir uma barreira de dois metros e meio de altura ao longo dos três mil quilômetros de sua fronteira com Bangladesh, um país do qual poderia chegar um grande número de refugiados, quando o mar invadir suas zonas costeiras menos elevadas"[15]. No resto do mundo, secas massivas, furacões e consequentes deslocamentos populacionais

7. Um estudo também afirma que, em certas regiões atualmente povoadas, o ser humano não poderia mais sobreviver a partir de 2100. Ver S.C. Sherwood; M. Hubert, An Adaptability Limit to Climate Change Due to Heat Stress, PNAS, v. 107, n. 21, 2010.
8. Ver D. Barriopedro et al., The Hot Summer of 2010: Redrawing the Temperature Record Map of Europe, *Science*, v. 332, n. 6026, 2011.
9. Ver K. Dow; T. Downing, *The Atlas of Climate Change*, Oakland: University of California Press, 2007.
10. Ver J.D. Steinbruner et al., Climate and Social Stress: Implications for Security Analysis, *National Academy Press*, 2012.
11. Ver WHO (OMS), Climate Change and Health, *Fact Sheet*, 2013.
12. Ver W.A. Kurz et al., Mountain Pine Beetle and Forest Carbon Feedback to Climate Change, *Nature*, v. 452, n. 7190, 2008.
13. Ver, por exemplo, B. Choat et al., Global Convergence in the Vulnerability of Forest to Drought, *Nature*, v. 491, n. 7426, 2012.
14. Ver A. Shepherd et al., A Reconciled Estimate of Ice-Sheet Mass Balance, *Science*, v. 338, n. 6111, 2012.
15. G. Dyer, *Alerte: Changement climatique: La Menace de guerre*, Paris: Robert Laffont, 2009, p. 38.

poriam sob alta-tensão as fronteiras entre países ricos e pobres. Os países ricos seriam desestabilizados por severos problemas agrícolas, e certas ilhas do Índico teriam de ser evacuadas. Eis um breve olhar para um cenário com +2°C, e sobre o qual não nos estenderemos, pois ele já se encontra na ordem do dia! O livro se baseia em relatórios anteriores a 2008 e, em particular, no relatório GEIC 2007, que sintetiza o trabalho científico publicado antes de 2002.

Em novembro de 2012, o Banco Mundial publicou um relatório[16] que havia encomendado a um grupo de climatologistas da Universidade de Potsdam sobre as possíveis consequências de um aumento médio de 4°C sobre nossas sociedades e sobre a Terra. A média de 4°C significa aumentos de até 10°C sobre os continentes (por exemplo, é preciso imaginar um verão com média de +8°C no sul da França!). O nível dos mares subiria um metro em 2100 (previsão confirmada pelo relatório do IPCC/GIEC), ameaçando cidades de Moçambique, Madagascar, México, Venezuela, Índia, Bangladesh, Indonésia, Filipinas e Vietnã e convertendo os principais deltas (Bangladesh, Egito, Vietnã e África Ocidental) impraticáveis para a agricultura. O relatório é opressivo e as consequências particularmente catastróficas, ameaçando claramente a possibilidade de nossa civilização tal como hoje a conhecemos.

As crises econômicas e demográficas que as sociedades europeias conheceram antes da Revolução Industrial estiveram ligadas a perturbações climáticas. Um estudo publicado em 2011 vai ainda mais longe, esmiuçando as causas havidas entre 1500 e 1800 entre mudanças climáticas e catástrofes agrícolas, socioeconômicas e demográficas[17] (ver figura 7). Na realidade, se os abrandamentos econômicos foram causas *diretas* de graves crises sociais, provocando problemas demográficos, o clima sempre foi a primeira causa. E, no coração do processo, encontramos sempre as crises alimentares.

16. Ver A. Burger et al., op. cit.
17. Ver D.D. Zang et al., The Causality Analysis of Climate Change and Large-Scale Human Crisis, PNAS, v. 108, n. 42, 2011; idem, Global Climate Change, War and Population Decline in Recent Human History, PNAS, v. 104, n. 49, 2007.

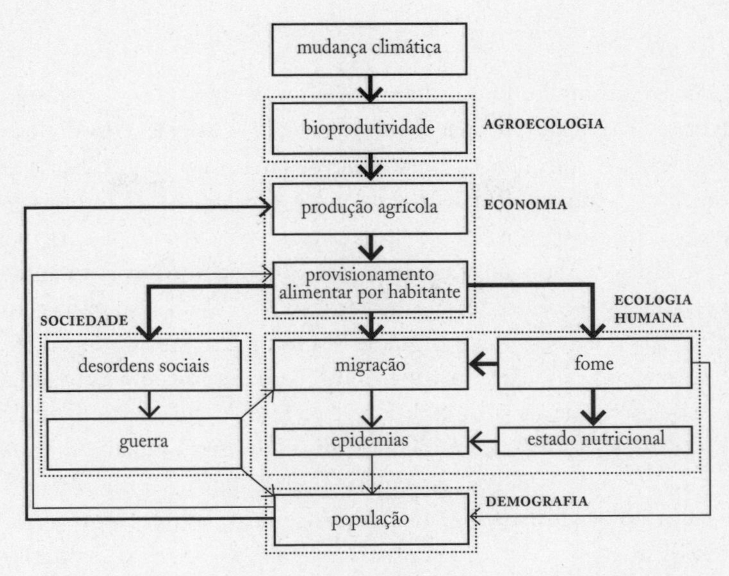

FIG. 7: LIGAÇÕES CAUSAIS ENTRE AS ALTERAÇÕES CLIMÁTICAS E AS GRANDES CRISES HUMANAS NA EUROPA PRÉ-INDUSTRIAL. A espessura da seta indica a força da correlação.

Sabemos hoje que o aquecimento climático causa e causará graves problemas de provisão de água e baixos rendimentos agrícolas (os dois nem sempre estiveram ligados). Com média de aumento em 2°C, o número de pessoas que se defrontará com a penúria de água poderá aumentar em 15%[18].

Após 1980, as produções mundiais de trigo e milho recuaram, respectivamente, de 5,5% e de 3,8% relativamente a uma simulação sem mudança climática[19]. Globalmente, os rendimentos do trigo tiveram a tendência a estagnar durante os últimos vinte anos, apesar de progressos técnicos consideráveis[20]. Ao norte da Europa, da Rússia e do Canadá, as precipitações serão mais intensas e os invernos mais quentes[21], o que nos leva

18. Ver J. Schewe et al., Multimodel Assessment of Water Scarcity Under Climate Change, *PNAS*, v. 111, n. 9, 2014.
19. Ver D.B. Lobell et al., Climate Trends and Global Crop Production Since 1980, *Science*, v. 333, n. 6042, 2011.
20. Ver K. Kristensen et al., Winter Wheat Yield Response to Climate Variability in Denmark, *The Journal of Agriculture Science*, v. 49, n. 1, 2011; J.E. Olensen et al., Impacts and Adaptation of European Crop Production Systems to Climate Change, *European Journal of Agronomy*, v. 34, n. 2, 2011.
21. Ver J.H. Christensen et al., Regional Climate Projection, em S. Solomon et al. (eds.), *Climate Change 2007: The Physical Science Basis*, Cambridge: Cambridge University Press, 2007. A. Dai, Increasing Drought Under Global Warming in Observations and Models, *Nature Climate Change*, v. 3, n. 1, 2012.

a pressagiar melhores rendimentos e novas superfícies cultiváveis. Mas os riscos de inundações também serão altos[22]. Nas demais regiões, ao contrário, os pesquisadores esperam maior escassez de água e eventos climáticos extremos – calor, seca e tempestades – mais frequentes[23], o que fará baixar a produtividade agrícola.

Com +2°C, a produção agrícola indiana diminuirá em cerca de 25%, provocando uma fome nunca vista. "Mas isso nada tem a ver com a sorte de Bangladesh, cuja parte sul, onde vivem hoje sessenta milhões de indivíduos, seria literalmente afogada, em decorrência da subida do nível do mar."[24] Se a sociedade de Bangladesh toma consciência desse fenômeno e decide procurar os responsáveis por esse "genocídio climático" (conforme a expressão do climatologista Atiq Rahman), "sua amargura não terá limites"[25]. Com um realismo glacial, o já citado Dyer descreve a guerra nuclear que poderia eclodir em 2036 entre a Índia e o Paquistão, como consequência de tais conflitos.

As tensões geopolíticas seriam exacerbadas pelo crescente número de refugiados climáticos[26]. Na América Central, por exemplo, onde a seca se converteria em norma, milhões de refugiados esbarrariam na fronteira dos Estados Unidos, cada vez menos permeável. A mesma catástrofe social e humanitária poderia ocorrer no sul da Europa, em razão de refugiados provenientes da África e do Oriente Próximo.

Episódios de seca aguda ou crescente também fariam cair a produção de energia elétrica das centrais térmicas e de centrais nucleares[27], o que enfraqueceria ainda mais a capacidade das populações a se adaptar e sobreviver às consequências do aquecimento climático, mormente nas cidades.

Um dos maiores riscos devidos às mudanças climáticas é o das desigualdades crescentes (ver "O Que Dizem os

22. Ver Z.W. Kundzewicz, Assessing River Flood and Adaptation in Europe: Review of Projections for the Future, *Mitigation and Adaptation Strategies for Global Change*, v. 15, n. 7, 2010.
23. Ver M. Bindi; J.E. Olesen, The Responses of Agriculture in Europe to Climate Change, *Regional Environment Change*, v. 11, n. 1, 2011.
24. G. Dyer, op. cit., p. 87.
25. Ibidem.
26. Ver F. Gemenne, Climate-Induced Population Displacements in a +4°C World, *Philosophical Transactions of the Royal Society A*, v. 369, n. 1934, 2011.
27. Ver M.T. van Vliet et al., Vulnerability of US and European Electricity Supply to Climate Change, *Nature Climate Change*, v. 2, n. 9, 2012.

Modelos?"). Como realça Leon Fuerth, antigo conselheiro de segurança nacional dos Estados Unidos sob a vice-presidência de Al Gore e principal autor do relatório *A Era das Consequências*[28], "mesmo os países mais ricos não serão poupados de escolhas angustiantes: eles deverão decidir sobre o que deve ser salvo do desaparecimento em um ambiente incontrolável". Quanto à sorte dos menos favorecidos, "já tivemos um exemplo na debandada organizacional e espiritual durante o furacão Katrina"[29].

Hoje, em 2015, encontramo-nos nas condições ideais para chegar a um acordo global sobre o clima, uma vez que nenhuma das grandes potências mundiais se sente atacada desde o fim da Guerra Fria, Mas "quanto mais a escassez alimentar devido ao aquecimento global se fizer sentir, mais difícil será concluir acordos internacionais, quaisquer que sejam"[30].

O derradeiro relatório do IPCC/GIEC indica a possibilidade de "ruptura dos sistemas alimentares", o que agravará as situações já existentes de pobreza e de fome (particularmente nas cidades), aumentando "os riscos de conflitos violentos sob a forma de guerras civis e violências intergrupais". Mas o problema desse relatório monumental é não levar em consideração os efeitos amplificadores de numerosos circuitos de retroação climática, como a liberação de grandes quantidades de metano, em decorrência do derretimento do pergelissolo (daí o otimismo recorrente de versões do relatório). Ora, esses circuitos são suscetíveis de se desencadear a partir de +3°C ou +4°C de média. Assim, é muito difícil descrever precisamente o que poderá advir sob tais condições. Mas os cenários dos especialistas são geralmente unânimes e se voltam para a catástrofe.

Pode-se ter uma ideia da amplitude das mudanças *possíveis* constatando-se que, quando a atmosfera desses últimos cem milhões de anos continha níveis de CO_2 que poderíamos esperar no final do século, a temperatura do globo

28. Ver K.M. Campbell et al., *The Age of Consequences: The Foreign Policy and the National Security Implications of Global Climate Change*, Center for Strategic and International Studies, Washington DC, 2007.
29. Apud G. Dyer, op. cit., p. 48.
30. Idem, p. 91.

era mais alta 16ºC em relação aos nossos dias[31]. Inversamente, há dez mil anos, e com 5ºC a menos de média, a Terra estava imersa numa época glacial, o nível dos oceanos estava cento e vinte metros mais baixo do que hoje, e uma grossa camada de gelo (por volta de cem metros) cobria a Europa do Norte.

Segundo James Lovelock, se a taxa de CO_2 alcançar quinhentas partes por milhão (ppm), e já alcançamos quatrocentas em 9 de maio de 2013, a grande massa da superfície terrestre se transformará em deserto e mato rasteiro, deixando um remanescente da civilização de alguns milhões de pessoas na bacia ártica e na Groenlândia.

> A Terra já se restabeleceu de tais acessos de febre [...] ao contrário, se prosseguirmos em nossas atividades, nossa espécie jamais conhecerá o mundo verdejante que era o nosso, cerca de um século atrás. É a civilização que corre o risco maior; os humanos são bastante resistentes para que casais aptos a se reproduzir sobrevivam e [...] apesar do calor, haverá na Terra lugares que respondam aos nossos critérios; as plantas e os animais que escaparam do Eoceno o confirmam. [...] Mas como quer que seja, se tais mudanças se produzirem, poucos habitantes entre os bilhões atuais deverão sobreviver.[32]

Inquieto com tal cenário, Dyer perguntou a climatologistas se consideravam isso possível e a quase totalidade respondeu que "não o julgavam excessivo".

Eis o que nos pode acontecer se não encontrarmos um acordo internacional sobre o clima e se continuarmos ainda a queimar energias fósseis durante alguns anos. Pois é preciso não esquecer que, *mesmo com uma interrupção total e imediata* das emissões de gás de efeito estufa, o clima continuará a se aquecer durante várias décadas. Serão necessários séculos ou até milênios para que se retorne à estabilidade climática pré-industrial do Holoceno.

31. Ver J. Kiehl, Lessons from Earth's Past, *Science*, v. 331, n. 6014, 2011.
32. J. Lovelock, *La Revanche de Gaïa: Pourquoi la Terre riposte-t-elle et comment pouvons nous encore sauver l'humanité*, Paris: Flammarion, 2007 apud G. Dyer, op. cit., p. 53.

Se, por magia, chegássemos a extrair e a queimar todas as energias fósseis restantes, e as reservas já provadas são gigantescas, os problemas seriam muito mais graves do que já descrevemos antes. No quinto relatório do IPCC/GIEC, o pior cenário indica um aumento entre +8°C e +12°C para 2300. Mas, em 2013, o célebre climatologista James Hansen e sua equipe calcularam a trajetória de um cenário no qual chegaríamos a queimar um terço das reservas já provadas ao ritmo atual, ou seja, em menos de um século. Essa trajetória nos conduziria a uma temperatura média global de +16°C, quer dizer, +30°C nos polos e mais 20°C nos continentes[33]. Com tais temperaturas, o mundo se tornaria inabitável para a maior parte dos seres vivos, e mesmo a nossa transpiração não conseguiria manter o calor do corpo em 37°C. Mas esteja certo o leitor de que não chegaremos a queimar todo esse petróleo, pelas razões vistas anteriormente.

De fato, esse último cenário é irrealista, pois, antes que ele se estabeleça, a circulação das correntes marítimas poderá se modificar, como já ocorreu no passado, criando o risco de anoxia (falta de oxigênio) nas profundezas oceânicas. Se a camada de anoxia alcançar a superfície dos oceanos, ali onde a luz penetra, veremos a proliferação de bactérias produtoras de hidrogênio sulfetado, um gás conhecido por destruir a camada de ozônio e tornar a atmosfera irrespirável para a totalidade dos animais. Esses "oceanos de Canfield", que já existiram na história da Terra, poderão aniquilar o essencial das vidas marítima e terrestre. Embora por enquanto seja apenas uma hipótese, ela é levada a sério por alguns cientistas. Na opinião de Denis Bushnell, diretor de pesquisa da NASA, é possível que tal ocorra por volta de 2100.

Todos esses fatos, cifras, hipóteses e projeções esboçam o retrato daquilo que Chris Rapley, antigo diretor do British Antarctic Survey, chamou de "monstros climáticos".

33. Ver J. Hansen et al., Climate Sensitivity, Sea Level and Atmospheric Carbon Dioxide, *Philosophical Transactions of the Royal Society* A, v. 371, n. 20120294, 2013, p. 24.

Quem Matará o Último Animal do Planeta?

Não exageremos em nada. Mas é preciso reconhecer que, nos últimos anos, os seres humanos se mostraram muito eficazes em erradicar os demais seres vivos. Pois bem, a perda de biodiversidade não é um fato anódino. Trata-se da destruição de numerosos territórios nos quais viviam, em interação, plantas, animais e micro-organismos, assim como do desaparecimento dos próprios seres vivos. Ora, nossa sobrevivência depende desses seres, das interações que mantemos com eles e *das interações que eles mantêm entre si*.

Sem dúvida, a extinção de espécies é um fenômeno natural, assim como o surgimento de outras. O problema é que a taxa de extinção disparou pela atividade humana. Uma estimativa recente mostra que ela é hoje mil vezes mais alta do que a média geológica revelada por fósseis[34] e que está em constante elevação. Conforme os últimos levantamentos, o estado da biodiversidade continua a piorar[35], apesar dos esforços *crescentes* de proteção e conservação já demonstrados[36]. Todos os esforços formidáveis que o ser humano faz para proteger os demais seres vivos não se encontram à altura dos desafios[37].

Muito recentemente, uma série de estudos perturbadores veio acrescentar a esse quadro um tom bem mais inquietante, trazendo à luz o fenômeno da extinção das *interações ecológicas*. De fato, quando uma espécie morre, nunca desaparece sozinha; ela leva consigo espécies vizinhas, sem que ninguém perceba imediatamente. As extinções são como ondas de choque que se propagam através da rede alimentar, afetando predadores e presas das espécies em perigo (verticalmente) e perturbando

34. Ver S.L. Pimm et al., The Biodiversity of Species and Their Rates of Extinction, Distribution and Protection, *Science*, v. 344, n. 6187, 2014.
35. Ver R. McLellan (ed.), *Rapport Planète Vivante: Des hommes, des espèces, des espaces et des ecosystèmes*, World Wide Fund, 2014.
36. Ver R.M. May, Ecological Science and Tomorrow's World, *Philosophical Transactions of Royal Society* B, v. 365, n. 1537, 2010. W.F. Laurance et al., Averting Biodiversity Collapse in Tropical Foreste Protected Areas, *Nature*, v. 489, n. 7415, 2012.
37. Ver S.L. Pimm, op. cit.

outras espécies ligadas a essas últimas (horizontalmente)[38]. Por exemplo, a extinção da lontra do mar acarreta uma proliferação de ouriços-do-mar (suas presas), que transformam o fundo marinho em deserto, o que, na sequência, perturba outras cadeias alimentares e predadores.

Não sendo o mundo vivo simplesmente construído por uma teia predatória, a onda de choque pode também propagar-se às redes paralelas, e muito ricas, de mutualismos, como a dispersão de grãos e a polinização. Provocar o desaparecimento de uma espécie é privar outras de recursos preciosos e mesmo vitais. Descobre-se, por exemplo, que o colapso de populações de certos polinizadores pode acarretar o colapso generalizado de todos os polinizadores de um ecossistema e, portanto, prejudicar seriamente as plantas que dependem deles, o que também significa perda de rendimentos agrícolas[39]. Isso afeta não somente as populações humanas que se alimentam desses ecossistemas, mas igualmente todos os animais que dependem de plantas e que nada têm a ver com os polinizadores em questão.

As consequências dos desaparecimentos de espécies podem ir até a modificação das características físicas do ambiente. Exemplificando: o desaparecimento de espécies de pássaros na Nova Zelândia diminui significativamente a polinização do arbusto Rhabdothamnus solandri, o que reduz a densidade de sua população[40], afetando o solo, o clima, a temperatura e a umidade do ecossistema.

Mas há o pior. A onda de choque pode ser acelerada. Um estudo publicado em 2013 mostrou que o desaparecimento por interações ecológicas (extinções funcionais) *precede* as extinções populacionais. Dito de outra maneira, uma espécie (a lontra, por exemplo) já perde seus "elos" de vizinhança desde o início do declínio, fazendo desaparecer (em 80% dos casos) outras espécies ao

38. Ver D. Sanders et al., The Loss of Indirect Interactions Leads to Cascade Extinctions of Carnivores, *Ecology Letters*, v. 16, n. 5, 2013.
39. Ver J.J. Lever et al., The Sudden Collapse of Pollinator Communities, *Ecology Letters*, v. 17, n. 3, 2014.
40. Ver S.H. Anderson et al., Cascading Effects of Bird Functional Extinction Reduce Pollination and Plant Density, *Science*, v. 331, n. 6020, 2011.

seu redor antes mesmo de desaparecer. Essas extinções indiretas e silenciosas podem ter início muito cedo, antes mesmo que a população da espécie ameaçada tenha perdido um terço de sua totalidade (e só se declara oficialmente uma espécie em perigo de extinção quando se chega a 30% de declínio). Daí que, paradoxalmente, as espécies mais ameaçadas não são aquelas em que se acredita assim estarem, mas as *que se encontram indiretamente ligadas a elas*. Mesmo os ecólogos, que há muito conhecem tal efeito, ficaram surpresos com a abrangência de tais "efeitos em cascata". O que se chama agora de coextinções são potencialmente mais numerosas[41], mas também imprevisíveis, e só as observamos tarde demais[42]. Eis aí uma explicação plausível dos números catastróficos da destruição da biodiversidade pela ação humana.

Resultado? A primavera já é bem silenciosa[43]. Depois do ano de 1500, 332 espécies de vertebrados terrestres já desapareceram[44], "e as populações de espécies de vertebrados no globo tiveram seus efetivos reduzidos pela metade, comparadas às populações de quarenta anos antes"[45]. As populações de 24 dos 31 grandes carnívoros do planeta (leões, pumas, leopardos, linces, lontras, ursos, dingos etc.) encontram-se em grave declínio, o que, em virtude do efeito cascata[46], perturba perigosamente os ecossistemas em que habitam[47].

No mar, a situação é particularmente dramática. Na prática, não há mais nenhum ecossistema marinho que não tenha sido afetado pelos humanos[48], e quase a metade (41%) está seriamente danificada[49]. Em 2003, um estudo estimou que 90% da biomassa dos grandes peixes havia desaparecido desde a Revolução Industrial[50]. Essas cifras, que na

41. Ver R.R. Dunn et al., The Sixth Mass Coextinction: Are Most Endangered Species Parasites and Mutualists?, *Philosophical Transactions of Royal Society B*, v. 276, n. 1670, 2009.
42. Ver T. Säterberg et al., High Frequency of Functional Extinctions in Ecological Networks, *Nature*, v. 499, 2013.
43. Referência ao livro de Rachel Carson, *A Primavera Silenciosa*, sobre os efeitos de pesticidas nos campos.
44. R. Dirzo et al., Defaunation in the Anthropocene, *Science*, v. 345, n. 6195, 2014.
45. R. McLellan, op. cit., p. 8-9.
46. Ver W.J. Ripple et al., Status and Ecological Effects of the World's Largest Carnivores, *Science*, v. 343, n. 6167, 2014.
47. Ver J.A. Estes et al., Trophic Downgrading of Planet Earth, *Science*, v. 333, n. 6040, 2011.
48. Ver D.J. McCauley et al., Marine Defaunation: Animal Loss in the Global Ocean, *Science*, v. 347, n. 6219, 2015.
49. Ver B.S. Halpern et al., A Global Map of Human Impact on Marine Ecosystems, *Nature*, v. 423, n. 6937, 2003.
50. Ver R.A. Myers; B. Worm, Rapid Worldwide Depletion of Predatory Fish Communities, *Nature*, v. 423, n. 6937, 2003.

época deixaram incrédulos muitos cientistas, foram hoje, infelizmente, confirmadas[51]. Em janeiro de 2013, um só espécime de atum vermelho foi vendido em Tóquio ao preço de um milhão e setecentos mil dólares![52]

O mesmo destino para os pássaros. A Nova Zelândia, por exemplo, perdeu a metade de suas espécies[53], e, na Europa, 52% das populações rurais desapareceram no transcorrer das últimas três décadas[54]. Esse declínio muito rápido das populações de pássaros é devido à poluição causada pelos neonicotinoides utilizados em agricultura; ao dizimarem os insetos, privam os pássaros de alimentação[55].

Entre os invertebrados, muito menos estudados, dois terços das populações de espécies que os cientistas estudam estão em declínio (de 45% em média)[56], entre os quais os polinizadores selvagens e a abelha melífera[57]. "Para M. Bijleveld, o declínio em curso do conjunto da entomofauna revela 'um colapso brutal'."[58]

Do lado das florestas tropicais, a caça furtiva e a caça excessiva fizeram "desaparecer a grande fauna selvagem", observa Richard Corlett, pesquisador do Xishuangbanna Tropical Botanical Garden, situado em Menglun, China. É uma realidade que se observa na maior parte das florestas tropicais do mundo, na Ásia, na África e na América do Sul. Em Bornéu, no arquipélago malaio, após trinta anos de medidas na floresta de Lambir, o ecologista Rhett Harrison e sua equipe do World Agro-Forestry Center (China) puderam observar de perto essa "desfaunização": ali não há mais animais. Por sua vez, confirma Carlos Peres da Universidade East Anglia (Reino Unido): "O silêncio é ensurdecedor."[59]

Para alcançar uma extinção comparável àquela que se abateu principalmente sobre

51. Ver J.B. Jackson, Ecological Extinction and Evolution in the Brave New Ocean, *PNAS*, v. 105, 2008.
52. Ver K. Swing, Conservation: Inertia is Speeding Fish-Stock Declines, *Nature*, v. 494, n. 7437, 2013.
53. Ver S.H. Anderson, op. cit.
54. Ver S. Foucart, Le déclin massif d'insectes menace l'agriculture, *Le Monde*, 26 jun. 2014; I. Newton, The Recente Declines of Farmland Bird Populations in Britain, *Ibis*, v. 46, n. 4, 2004.
55. Ver C.A. Hallmann et al., Declines in Insectivorous Birds are Associated with High Neonicotinoid Concentrations, *Nature*, v. 511, n. 7509, 2014.
56. Ver R. Dirzo et al., op. cit.
57. Na França, segundo o ecólogo François Ramade, o número de colmeias despencou de dois milhões para seiscentos mil nos dias de hoje.
58. S. Foucart, op. cit.
59. E. Stokstad, The Empty Forest, *Science*, v. 345, n. 6195, 2014.

os dinossauros, há 65 milhões de anos, e para que os paleontólogos falem de uma "sexta crise de extinção em massa", será preciso alcançar a cifra de 75% das espécies do planeta. Ainda não chegamos lá, mas avançamos a passos largos[60]. E, no entanto, a humanidade ainda não reconhece o declínio da biodiversidade como um fator preponderante de mudança global, tendo ela a mesma relevância de outras "crises" que mobilizam a comunidade internacional, como o aquecimento climático, a poluição, a redução da camada de ozônio e a acidificação dos oceanos[61].

Ora, as provas estão aí, as extinções em cascata causam consequências dramáticas e profundas sobre a produtividade, a estabilidade e a sustentabilidade dos ecossistemas do planeta. Perturbando-os ou "simplificando-os" (sobretudo pela atividade agroindustrial), os ecossistemas se tornam muito vulneráveis e tendem, inevitavelmente, ao colapso[62]. Porém, a ideia simples de que a biodiversidade é indispensável à estabilidade dos ecossistemas (beabá da ecologia científica) ainda está ausente da mentalidade das elites políticas e econômicas.

A biodiversidade é garantia de uma agricultura resiliente e produtiva, e sobretudo da conservação de funções regulatórias dos ecossistemas (qualidade do ar, estabilidade dos climas locais e global, sequestro de carbono, fertilidade do solo, reciclagem do lixo), de provisão de recursos vitais (água potável, matas, substâncias medicinais) e de finalidades culturais (recreativas, estéticas e espirituais). Ela influencia a saúde humana ao permitir, por exemplo, o controle na emergência de doenças infecciosas[63], como foi o caso do vírus Ebola em 2014, que se alastrou no oeste da África, entre outras causas, pela destruição do ecossistema florestal[64].

60. Ver A.D. Barnosky et al., Has the Earth's Sixth Mass Extinction Already Arrived?, *Nature*, v. 471, n. 7336, 2011.
61. Ver D.U. Hooper et al., A Global Synthesis Reveals Biodiversity Loss as a Major Driver of Ecosystem Change, *Nature*, v. 486, n. 7401, 2012.
62. Ver A.S. MacDougall et al., Diversity Loss with Persistent Human Disturbance Increases Vulnerability to Ecosystem Collapse, *Nature*, v. 494, n. 7435, 2013.
63. Ver J.V. Yule et al., Biodiversity, Extinction, and Humanity Future, *Humanities*, v. 2, n. 2, 2013.
64. Ver J.M. Morvan et al., Écosystèmes forestiers et vírus Ebola, III *Colloque du reseau international des Instituts Pasteur et institus associés*, 14-15 out. 1999; B.A. Wilcox; B. Ellis, Les Forêts et les maladies inféctieuses emergentes chez l'homme, *Unasylva*, FAO, 2006; J.A. Ginsburg, How Saving West African Forest Might Have Prevented the Ebola Epidemic, *The Guardian*, 3 out. 2014.

Como garantir a polinização (para 75% das espécies agrícolas) na ausência de insetos polinizadores? Por uma mão de obra barata que poliniza flor por flor as árvores frutíferas, como é o caso da região de Sichuan, na China, onde as abelhas desapareceram?[65] Por drones, talvez? Alguns especialistas procuram até mesmo calcular um valor monetário dos serviços que nos proporcionam os ecossistemas. Em 1998, estimaram em duas vezes o PIB mundial[66]. Mas esses números significam alguma coisa? A natureza não é, evidentemente, solúvel em economia. O tecido vivo constitui uma matriz insubstituível em escala mundial por processos técnico-industriais (como se tenta fazer há séculos, sem muito sucesso).

Já está bem assente que o desenvolvimento do comércio internacional, e com isso a expansão de espécies invasivas, é uma das grandes causas do declínio da biodiversidade[67]. Mas não se acredite que em caso de "desglobalização", ou de desmoronamento da economia mundial, a biodiversidade se comportaria melhor; bem ao contrário[68]. No correr do século XX, apesar de a população ter quadruplicado, o ser humano "apenas" dobrou a quantidade de biomassa extraída dos ecossistemas. Esse "efeito retardado", que preservou uma boa parte das florestas, deveu-se ao consumo massivo de energias fósseis[69]. Na ausência delas, e devido à urgente necessidade, as populações do mundo inteiro se precipitariam sobre as florestas para encontrar caça, terra arável e madeira para cozimento e aquecimento, como, aliás, se pôde constatar na Grécia depois do início de sua crise econômica. A madeira servirá, provavelmente, para manter uma aparência de atividade industrial, sabendo-se que "é necessário ao menos 50 m³ de madeira para fundir uma tonelada de ferro, ou seja, um ano de produção sustentável de

65. Ver H. Thibault, Dans le Sichuan, des "hommes-abeilles" pollinisent à la main les vergers, *Le Monde*, 23 abr. 2014.
66. Ver R. Costanza, The Value of World's Ecosystems Services and Natural Capital, *Ecological Economics*, v. 25, n. 1, 1998.
67. Ver C.B. Field et al., Climate Change 2014: Impacts, Adaptation and Vulnerability, *Fifth Assessement Report of the IPCC*, 2014.
68. Ver E.V. Bragina et al., Rapid Declines of Large Mammal Populations after de Collapse of the Soviet Union, *Conservation Biology*, v. 29, n. 3, 2015.
69. Ver F. Krausmann et al., Global Human Appropriation of Net Primary Production Doubled in the 20th Century, *PNAS*, v. 110, n. 25, 2013.

dez hectares de floresta"[70]. Sem falar da possibilidade de guerras futuras; sabe-se, por exemplo, que "entre 1916-1918, quando os U-Boots[71] alemães interromperam as relações comerciais do Reino Unido, ela viu-se obrigada a abater quase a metade de suas florestas comerciais para satisfazer necessidades militares"[72].

Acrescente-se a isso o impacto do aquecimento climático que, como o demonstra grande parte dos modelos, terá consequências dramáticas sobre a biodiversidade, podendo-se chegar, nos piores cenários, à famosa "sexta extinção em massa"[73].

A biodiversidade não é um luxo ao qual apenas um andarilho de domingo – culto e rico, evidentemente – teria acesso. As consequências do declínio da biodiversidade são muito mais graves do que se imagina. Reduzir o número de espécies é reduzir o número de "serviços" que os ecossistemas oferecem e, por conseguinte, reduzir a capacidade que a biosfera possui de nos acolher. Cedo ou tarde, com ele, a própria população humana se reduzirá[74], seguindo os esquemas já clássicos: fome, enfermidades e guerras.

As Outras Fronteiras do Planeta

Clima, biodiversidade... Infelizmente, há muitas outras "fronteiras". Num estudo de grande repercussão publicado pela revista *Nature* em 2009[75] e atualizado em 2015[76], uma equipe internacional de pesquisadores tentou dar cifras a nove fronteiras planetárias absolutamente vitais, e que, portanto, não deveriam ser ultrapassadas, a fim de se evitar uma zona perigosa para a sobrevivência de todos os seres no planeta.

70. C. Bonneuil; J.B. Fressoz, *L'Événement Anthropocène*, Paris: Seuil, 2013, 225n.
71. Submarinos alemães, encarregados de afundar navios mercantes que se dirigiam à Grã-Bretanha. (N. da T.)
72. Ibidem, p. 226n.
73. A.E. Cahill et al., How Does Climate Change Cause Extinction?, *Proceedings of the Royal Society B*, v. 280, n. 1750, 2013; C. Bellard et al., Impacts of Climate Change on the Future of Biodiversiity, *Ecology Letters*, v. 15, n. 4, 2012; C.B. Field et al., op. cit.
74. Ver J.V. Yule et al., op. cit.
75. Ver J. Rockström et al., A Safe Operating Space for Humanity, *Nature*, v. 461, n. 7263, 2009.
76. Ver W. Steffen et al., Planetary Boundaries: Guiding Human Development on a Changing Planet, *Science*, v. 347, n. 6223, 2015.

Entre elas, evidentemente: 1. a mudança climática; 2. o declínio da biodiversidade (recentemente chamada de "integridade da biosfera"); 3. mas igualmente a acidificação dos oceanos; 4. a depleção do ozônio atmosférico; 5. a perturbação do ciclo do fósforo e do azoto/nitrogênio; 6. a carga de aerossóis atmosféricos; 7. o consumo de água doce; 8. a mudança na afetação do solo; 9. e, por fim, a poluição química. Sete dentre elas já foram quantificadas e quatro já teriam sido ultrapassadas. As duas primeiras, clima e biodiversidade, como já vimos, podem, *por si só*, interferir seriamente no destino da humanidade. As duas outras são a afetação do solo, medida pelo desflorestamento, e os grandes ciclos biogeoquímicos do fósforo e do azoto, já perturbados de maneira irreversível[77]. As quantidades desses nutrientes seguidamente jogados nos solos e nas águas pela atividade humana, sobretudo pela atividade agrícola, já não são rapidamente absorvidas pelos ciclos naturais e, assim, poluem o ambiente pela eutroficação[78] das águas. As consequências são diretas: água sem potabilidade, explosão de cianobactérias tóxicas para os animais e morte da fauna aquática por falta de oxigênio nas zonas poluídas[79].

No que diz respeito à água, os pesquisadores estimaram em 4.000 km³ por ano a fronteira de consumo mundial de água doce, a fim de se evitar os efeitos catastróficos e irreversíveis, como epidemias, poluições, declínio da biodiversidade ou colapso dos ecossistemas[80]. Mas as consequências mais diretas da falta de água são as penúrias alimentares, pois o desenvolvimento da irrigação foi um dos principais fatores do aumento populacional na época da chamada "revolução verde". O consumo atual do mundo (2015) está estimado em 2.600 km³ por ano, mas os autores indicam que a margem de manobra restante se reduz

77. Ver D.E. Canfield et al., The Evolution and Future Earth's Nitrogen Cycle, *Science*, v. 330, n. 6001, 2010.
78. Processo pelo qual o excesso de elementos químicos gera um acúmulo de algas, cuja decomposição posterior, efetuada por bactérias, rouba oxigênio da fauna aquática. (N. da T.)
79. Ver V.H. Smith et al., Eutrophication of Freshwater and Marine Ecosystems, *Limnology and Oceanography*, v. 51, n. 1, 2006.
80. Ver J. Rockstörm et al., Planetary Boundaries: Exploring the Safe Operation Space for Humanity, *Ecology and Society*, v. 14, n. 2, 2009.

perigosamente por causa do aquecimento climático (desaparecimento das geleiras), do aumento da população e da atividade agrícola (poluição e contínuo esgotamento dos estoques não renováveis de água doce)[81]. Portanto, a zona de segurança que resta para cobrir as futuras necessidades humanas é muito fina. Atualmente, 80% da população mundial está exposta a riscos de escassez[82], especialmente em zonas superpovoadas, como a Europa, a China e a Índia[83].

Quanto à poluição química, também ela é muito perturbadora. Já há alguns anos se pode encontrar uma literatura científica abundante sobre as consequências dos produtos químicos de síntese sobre as saúdes humana e animal[84]. Durante a fase embrionária, a exposição a certos produtos de síntese modifica a expressão dos genes e, portanto, altera a saúde, a morfologia e a fisiologia dos futuros adultos: baixa fertilidade, obesidade, alteração de comportamento etc.[85] Mas, além dos problemas advindos da exposição a fortes doses, há o problema de uma exposição crônica a doses baixas, o que diz respeito a praticamente toda a humanidade. Em agricultura, no decorrer de uma pulverização ou de uma adubação, pode ocorrer de até 90% dos produtos não serem absorvidos pelas plantas, permanecendo no solo e contaminando águas ou migrando para áreas não tratadas[86]. Os resíduos de inseticidas (dos quais especialmente os neonicotinoides) provocam o colapso das populações de insetos, entre os quais as abelhas[87], mas também danos

81. Ver T. Gleeson et al., Water Balance of Global Aquifers Revealed by Groundwater Footprint, *Nature*, n. 488, 2012. Nos Estados Unidos, na China e na Índia, 70% das águas subterrâneas são utilizadas pela agricultura. Ver M.W. Rosengrant et al., Water for Agriculture: Maintaining Food Security under Growing Scarcity, *Annual Review of Environment and Resources*, n. 34, 2009.
82. Ver C.J. Vörösmarty et al., Global Threats to Human Water Security and River Biodiversity, *Nature*, n. 467, 2010.
83. Apesar das tecnologias que dissimulam as verdadeiras causas do esgotamento dos recursos.
84. Ver A. Cicolella, *Toxique planète*, Paris: Seuil, 2013; F. Nicolino, *Un Empoisonnement universel: Comment les produits chimiques ont envahi la planète*, Paris: Les Liens qui Libèrent, 2013.
85. Ver Vandenberg (2012) apud L.J. Guillete; T. Iguchi, Life in a Contaminated World, *Science*, v. 337, 2012.
86. Por exemplo, "os expertos do TFSP (Consórcio) notam que a amidaclopride foi detectada em 91% de 74 amostras analisadas do solo francês: apenas 5% dos locais haviam sido tratados", apud S. Foucart, op. cit.
87. Ver L.U. Chensheng et al., Sub-Lethal Exposure to Neonicotinoids Imparied Honey Bees Winterization Before Proceeding to Colony Collapse Disorder, *Bulletin of Insectology*, v. 67, n. 1, 2014.

aos vertebrados domésticos[88], às faunas selvagens e à própria agricultura[89].

A poluição atmosférica não fica para trás, como dão testemunho os episódios de "ar-pocalipse" nas grandes cidades da China e mesmo em nossas regiões, pois "no dia 13 de dezembro de 2013 as ruas de Paris estavam tão poluídas quanto um aposento de 20 m^2 ocupado por oito fumantes simultâneos [...] essas partículas ultrafinas, cujo diâmetro é inferior a 0,1 micrômetro, são extremamente nocivas, já que penetram profundamente nos pulmões, entram na circulação sanguínea e podem alcançar os vasos do coração"[90]. Tais poluições são problemáticas não apenas porque causam milhões de óbitos (e fazem baixar a duração média de vida), mas porque têm igualmente grande efeito sobre a biodiversidade e o bom funcionamento dos ecossistemas, da mesma maneira que, em caso de um colapso econômico, as futuras gerações não poderão contar com um sistema médico moderno.

Há muitas "fronteiras" e não podemos tratá-las em detalhes. Nem é essa a finalidade aqui, e sim a de chamar a atenção para a armadilha em que estamos encurralados. Quer se trate do clima, das outras espécies, das poluições, da disponibilidade de água, a transgressão de cada fronteira afeta seriamente a saúde e a economia de numerosas populações humanas, incluindo as dos países industrializados. Pior ainda: a perturbação de um sistema (o do clima, por exemplo) provoca mudanças nos demais (na biodiversidade, nos ciclos biogeoquímicos, na economia), que por sua vez influenciam outros, num efeito dominó que ninguém pode controlar *e que ninguém vê*, a não ser tarde demais. As fronteiras nos mostram uma coisa: a grande máquina industrial, notavelmente eficaz, está cada vez mais, e paradoxalmente, vulnerável, na medida em que cresce e adquire mais potência.

88. Ver D. Gibbons et al., A Review of the Direct and Indirected Effects of Neonicotinoids and Fipronil on Vertebrate Wildlife, *Environmental Science and Pollution Research*, 2014.
89. Ver J.P. Van der Sluijs et al., Conclusions of the Worldwide Integrated Assessement on the Neonicotinoides and Fipronil to Biodiversity and Ecosystem Functionning, *Environment Science and Pollution Research*, v. 22, n. 1, 2014.
90. S. Landrin; L. Van Eeckhout, La Pollution à Paris aussi nocive que le tabagisme passif, *Le Monde*, 24 nov. 2014.

O Que Ocorre ao Atravessarmos os Rubicões?

Tome, por exemplo, a imagem de um interruptor sobre o qual se exerça uma pressão crescente. No início, ele não se move; aumente a pressão um pouco e ele continua sem se mover, mas, num determinado momento, clique! Ele muda para um estado totalmente diferente. Pouco antes do disparo, sente-se que ele está prestes a ceder, mas não se sabe com exatidão em que momento.

Com os ecossistemas se passa quase a mesma coisa. Durante muito tempo se acreditou que a natureza respondesse às perturbações de modo gradual e proporcionado. Na realidade, os ecossistemas funcionam como os interruptores. Aqueles que sofrem perturbações regulares (caça, pesca, poluições, secas etc.) não mostram imediatamente sinais aparentes de desgaste, mas perdem progressivamente sua capacidade de se restabelecer (a famosa resiliência), até alcançar *tipping point*, um ponto de ruptura ou de emborcação, um limiar além do qual o ecossistema colapsa brutalmente. Clique! Em 2001, nascia uma nova disciplina: a ciência das "mudanças catastróficas"[91].

Um lago, por exemplo, pode passar rapidamente de um estado translúcido a outro totalmente opaco, devido à pressão de uma pesca constante. A diminuição progressiva do número de peixes grandes provoca, num momento preciso, e em efeito cascata, uma proliferação súbita e generalizada de microalgas. Esse novo estado, bastante estável, torna-se então difícil de ser revertido. O problema é que ninguém havia previsto a invasão de algas e, na verdade, ninguém podia *prevê-la* (até recentemente).

Da mesma maneira, nas florestas de regiões semiáridas, basta transpor um certo nível de desaparecimento da cobertura vegetal para que o solo se torne mais seco e provoque o aparecimento de um deserto que impedirá o reaparecimento

91. M. Scheffer et al., Catastrophic Shifts in Ecosystems, *Nature*, v. 413, n. 6856, 2001.

vegetal[92]. Foi o que aconteceu com o Saara quando, há cerca de cinco mil anos, a floresta se converteu em deserto[93], ou atualmente na Amazônia, onde uma transição similar parece estar em curso[94].

Em 2008, uma equipe de climatologistas recenseou quatorze "elementos de mudança climática", suscetíveis de alcançar os pontos de ruptura (os pergelissolos da Sibéria, as correntes oceânicas do Atlântico, a floresta amazônica, as calotas glaciares etc.)[95]. Mesmo que alguns deles sejam ou tenham sido reversíveis no curso da história geológica[96], isoladamente são capazes, por si só, de acelerar a mudança climática de maneira catastrófica, e ainda dar início aos demais fenômenos. Como enfatiza Hans Joachim Schnellnhuber, fundador e diretor do Potsdam Institute for Climate Impact Research (PIK), "as respostas do sistema-Terra às mudanças climáticas parecem não ser lineares. Se nós nos aventurarmos para além do limiar de segurança +2°C, chegando aos +4°C, os riscos de ultrapassar os pontos de colapso aumentam significativamente".

Esse ponto de vista aplica-se muito bem aos sistemas agrícolas e humanos, que também comportam pontos de ruptura ecológicos, econômicos ou socioculturais: a gestão das florestas secas de Madagascar (cuja destruição arruína a economia local), a produção do queijo Fédou na região dos Causses (cujo sistema pastoril é muito frágil) ou a emergência de "buzz" nas redes sociais[97].

A presença desses pontos de oscilação se deve, com frequência, à grande conectividade e homogeneidade dos sistemas (ver "Podem-se Detectar Sinais Precursores?"), associados a efeitos em cascata e de

92. Ver S. Kefi et al., Spatial Vegetation Patterns and Imminent Desertification in Mediterranean Arid Ecosystems, *Nature*, v. 449, n. 7159, 2007.
93. Ver J.A. Foley et al., Regime Shifts in the Saara and Sahel, *Ecosystems*, v. 6, n. 6, 2003.
94. Ver E.A. Davidson et al., The Amazon Basin in Transition, *Nature*, n. 481, 2012.
95. Ver T.M. Lenton et al., Tipping Elements in the Earth's Climate System, *Proceedings of the National Academy of Sciences*, v. 105, n. 6, 2008.
96. Ver T.M. Lenton, Arctic Climate Tipping Points, *Ambio*, v. 41, n. 1, 2012.
97. Ver A.P. Kinzig et al., Resilience and Regime Shifts: Assessing Cascading Effects, *Ecology and Society*, n. 11, 2006; M. Gladwell, *The Tipping Point: How Little Things Can Make a Big Difference*, Boston: Little Brown, 2000; B. Hunter, Tipping Points in Social Networks, *Stanford University Symbolic Systems Course Blog*, 2012.

retroação. De fato, um sistema vivo complexo (ecossistemas, organismos, sociedades, economias, mercados etc.) é constituído por vários circuitos mesclados de retroação, o que mantém o sistema estável e relativamente resiliente. Ao aproximar-se de um ponto de ruptura, basta uma pequena perturbação, uma gota de água, para que certos circuitos mudem de natureza e arrastem o conjunto do sistema para o caos e o estado de irreversibilidade. Ou o sistema morre, ou encontra outro equilíbrio, de novo mais estável e resiliente, mas muito desconfortável para nós.

Globalmente, o sistema econômico mundial e o sistema-Terra são dois conjuntos submetidos às mesmas dinâmicas não lineares, contendo, assim, vários pontos de emborcação. Dois estudos recentes dão testemunho disso: um deles dedicado à análise dos riscos de uma crise financeira que provocaria, em curto espaço de tempo, um colapso econômico em grande escala[98]; e outro considerando a possibilidade de que o ecossistema global se aproxime perigosamente de um limiar de desmoronamento, além do qual a vida sobre a Terra se tornaria impossível para a maioria das espécies atuais[99]. É o famoso estudo publicado em 2012 na revista *Nature* por uma equipe internacional de 24 pesquisadores e a partir do qual os meios de comunicação anunciaram (exageradamente) "o fim do mundo para 2100"[100]. Mesmo que tais transformações globais já tenham ocorrido no passado[101] – cinco extinções em massa, transições para eras glaciais, mudanças na composição da atmosfera, precedendo a explosão de vida do Cambriano –, os autores indicam que elas foram raras e que nada é seguro na situação atual, dada a complexidade da matéria, assim como as dificuldades para medir todos os parâmetros[102]. Ainda assim, eles reúnem um feixe de índices mostrando que os humanos

98. Ver D. Korowicz, Trade Off: Financial Sustem Supply-Chain Cross Contagion: A Study in Global Systemic Collapse, *Feasta*, 2012.
99. Ver A.D. Barnosky et al., Approaching a State Shift in Earth's Biosphere, *Nature*, n. 486, 2012.
100. A. Garric, La Fin de la Planète en 2100?, *Le Monde Blog Eco(lo)*, 27 jul. 2012.
101. Ver T.P. Hughes et al., Multiscale Regime Shifts and Planetary Boundaries, *Trends in Ecology and Evolution*, v. 28, n. 7, 2013.
102. Ver B.W. Brook et al., Does the Terrestrial Biosphere Have Planetary Tipping Points?, *Trends in Ecology and Evolution*, v. 28, n. 7, 2013.

têm a capacidade de arruinar rápida e radicalmente o sistema-Terra e que já tomamos esse caminho.

Essa ciência nascente das mudanças catastróficas é notável porque transforma totalmente o conhecimento sobre a gravidade das perturbações que nosso modelo de desenvolvimento industrial carrega consigo. A partir de agora, sabemos que a cada ano que passa e a cada pequeno passo que se dê em direção a crises, ambos não produzem efeitos proporcionais previsíveis, mas aumentam, *mais do que proporcionalmente*, os riscos de catástrofes repentinas, imprevisíveis e irreversíveis.

4. A DIREÇÃO ESTÁ TRAVADA?

Sabe o leitor qual é a origem da disposição das letras QWERTY (ou AZERTY) no teclado que utilizamos? Para obter a resposta, é preciso voltar ao tempo das velhas máquinas de escrever que utilizavam uma fita de tinta que passava à frente de blocos de metal fixados na ponta de hastes finas. A disposição das letras tinha uma função bem precisa, pensada pelos engenheiros da época: manter o ritmo das hastes o mais constante possível, a fim de evitar que elas se enredassem. Assim, as letras mais correntes das línguas com caracteres latinos (a, s, p, m etc.) foram atribuídas aos dedos mais frágeis, a fim de homogeneizar o ritmo da batida[1].

Hoje, os teclados planos não têm mais necessidade de tais precauções. Alguns engenheiros inventaram então um novo tipo de teclado mais rápido e de maior desempenho que o AZERTY: o DVORAK. Mas quem utiliza esse teclado? Ninguém. Encontramo-nos na situação (absurda?) em que velhas máquinas de escrever desapareceram, mas na qual todo o mundo ainda utiliza seu antigo sistema técnico, que se mostra menos performático.

Em outro domínio completamente diferente, está hoje bem comprovado que sistemas alternativos de agricultura, como a agroecologia, a permacultura ou a microagricultura biointensiva podem produzir[2], com bem menos energia, rendimentos por

1. Ver P.A. David, Clio and the Economics of QWERTY, *The American Economic Review*, v. 25, n. 2, 1985.
2. Ver C. Hervé-Gruyer; P. Hervé-Gruyer, *Permaculture: Guérir la terre, nourrir les hommes*, Paris: Actes Sud, 2014.

hectare comparáveis ou mesmo superiores à agricultura industrial, em pequenas superfícies, ao restabelecer o solo e os ecossistemas, diminuindo assim os impactos sobre o clima e reestruturando as comunidades camponesas[3]. O Grupo de Agricultura Orgânica de Cuba (GAO) recebeu o prêmio Right Livelihood Award, em 1999, por haver demonstrado essa possibilidade de maneira concreta e em larga escala[4]. Atualmente, a agroecologia é reconhecida e promovida pela FAO-ONU[5]. Então, por que essas alternativas plausíveis e de bom desempenho não decolam? Por que continuamos prisioneiros da agricultura industrial?

A resposta se encontra na própria estrutura de nosso sistema de inovação. De fato, quando uma nova tecnologia mais performática aparece, ela não se impõe automaticamente. Longe disso! É até mesmo frequente a dificuldade de mudar de sistema por causa de um fenômeno que historiadores e sociólogos chamam de *sociotechnical lock-in* (aferrolhamento ou bloqueio sociotécnico).

Todos nós paramos nos postos de gasolina para encher ou completar o tanque porque nossos ancestrais (alguns deles) decidiram, em dado momento, generalizar industrialmente a utilização do motor térmico, do petróleo e do automóvel. Ficamos assim encurralados pelas escolhas técnicas de nossos antepassados. Logo, as trajetórias tecnológicas atuais são, em grande parte, determinadas por nosso passado e, com frequência, as inovações tecnológicas tentam apenas resolver os problemas das precedentes. Essa evolução *path dependant* (dependente da trajetória) pode conduzir a becos tecnológicos sem saída, compelindo-nos a escolhas cada vez mais contraproducentes.

3. Ver O. de Schutter; G. Vanloqueren, The New Green Revolution: How Twenty-First Century Science Can Feed the World, *Solutions*, v. 2, n. 4, 2011.
4. Disponível em: <www.rightlivelihood.org/gao/thml>. Acesso em: 31 jul. 2023.
5. Ver O. de Schutter et al., Agroécologie et droit à l'alimentation, *Conseil des droits de l'homme de l'ONU*, 2011, [A/HRC/16/49]; FAO, Symposium international sur l'agroécologie pour la sécurité alimentaire et la nutrition, Rome, 18 e 19 set. 2014. Disponível em: <http://www.fao.org/about/meetings/afns/fr/>. Acesso em: 31 jul. 2023.

Como se Fecha um Sistema

Tomemos dois outros exemplos: o sistema elétrico e o transporte automotor[6]. No primeiro caso, quando uma ou várias centrais térmicas são instaladas numa região, engata-se um ciclo de autorreforço. O governo, por meio de incentivos econômicos ou de legislação favorável, pereniza o sistema de produção elétrica permitindo aos investidores desenvolvê-lo e, assim, pode prever a geração de centrais sucessoras, de maior desempenho. Progressivamente, o crescimento desse sistema técnico gera uma economia de escala e uma redução de custos que, por sua vez, aumentam a disponibilidade do sistema para um maior número de usuários. Assim fazendo, o sistema elétrico entra nos hábitos dos consumidores e o preço da eletricidade, tornando-se mais acessível, favorece não apenas sua expansão como também um consumo crescente de energia. Em seguida, esse sistema sociotécnico se generaliza e dá lugar a muitas inovações secundárias que permitem melhorá-lo e consolidá-lo. Finalmente, à medida que a procura aumenta, o governo toma medidas favoráveis à sua expansão, e assim por diante, aumentando em dez vezes o domínio do sistema eléctrico. O fechamento do sistema aparece quando novos nichos técnicos, de sistemas alternativos e mais eficazes de energia já não conseguem emergir, por causa do sistema dominante, que não deixa espaço à diversidade.

Quanto ao transporte automotor, um ciclo semelhante se pôs em marcha. Ao promover a densificação das infraestruturas viárias, os governos intensificam o uso de carros, ônibus e caminhões (pois com eles se pode ir mais longe e mais rapidamente), permitindo que novos usuários se beneficiem dessas estruturas. O uso crescente do sistema viário favorece o investimento e o auxílio público. A renda de tributos cresce vertiginosamente, permitindo ao sistema estender-se e mesmo

6. Ver G.C. Unruh, Understanding Carbon Lock-in, *Energy Policy*, v. 28, n. 12, 2000.

sufocar as demais estruturas de transporte, caso dos Estados Unidos, onde houve a destruição do sistema ferroviário no início do século XX pela ação conjunta da General Motors, da Standard Oil e da Firestone, com a ajuda do governo[7].

O lado autorreferencial desse processo é de suma importância. Quanto mais esse sistema se reforça, mais adquire meios de conservar seu domínio. Ele fagocita o conjunto dos recursos disponíveis e impede, "mecanicamente", a emergência de alternativas, justamente quando, ainda em seu começo, uma inovação tem necessidade de suporte e de investimentos. Dito de outra forma, os "rebentos" não estão em condições de rivalizar com a grande árvore que lhes faz sombra. O drama daí decorrente é que, impedindo os pequenos sistemas de desabrocharem, nos privamos de soluções potenciais para o futuro.

Os mecanismos de fechamento são numerosos e diversificados. Inicialmente, existem os aspectos meramente técnicos. Por exemplo, um sistema dominante pode decidir sobre a compatibilidade (ou não) entre os objetos introduzidos no mercado por pequenos concorrentes, como ocorre com frequência no domínio da informática.

Mas há também aspectos psicológicos. Por exemplo, uma equipe de pesquisa da Universidade de Indiana, nos Estados Unidos, mostrou que os investimentos em tecnologias inovadoras dependiam mais da trajetória passada do que das aspirações futuras[8]. Os investidores não se aventuram tanto quanto se poderia pensar, inclinando-se a preferir o que já funciona e que os engenheiros podem melhorar a um sistema ainda desconhecido e que ainda não apresentou provas suficientes. De passagem, isso poderia explicar por que temos dificuldades em experimentar novos sistemas políticos realmente inovadores. Dentro do mesmo espírito, um fator de bloqueio psicológico muito importante está ligado à inércia dos comportamentos

7. C. Bonneuil; J.B. Fressoz, *L'Événement Anthropocène: La Terre, l'histoire et nous*, Paris: Seuil, 2013, p. 129.
8. Ver M.A. Janssen; M. Scheffer, Overexploitation of Renewable Resources by Ancient Societies and the Role of Sunk-Cost Effects, *Ecology and Society*, v. 9, n. 1, 2004.

individuais, à reticência em mudar o modo de vida. Quando um sistema já está implantado, ele cria hábitos dos quais temos dificuldades em nos desfazer: das embalagens plásticas, dos limites de velocidade etc.

Há também mecanismos institucionais, como as regulamentações que impedem a emergência de novos "nichos sociotécnicos", como a regulamentação dos pesticidas agrícolas que bloqueia preparados naturais ou as leis sobre sementes que asfixiam a inovação sementeira dos pequenos agricultores. Pode-se ainda citar a grande dificuldade dos governos em renunciar aos grandes programas de subvenções. Em escala mundial, por exemplo, o conjunto das subvenções atribuídas às energias fósseis era de 550 bilhões de dólares americanos em 2013, contra 120 bilhões para as energias renováveis[9]. A inércia institucional de um sistema se reflete na construção de grandes projetos ecologicamente destruidores e economicamente inúteis, nos quais investimentos massivos são comprometidos com base em decisões que remontam a uma época em que as condições (econômicas, sociais e ambientais) não eram as mesmas da atualidade. Por fim, outro mecanismo de fechamento é simplesmente a existência de infraestruturas enormes, vinculadas a uma fonte de energia. De fato, a reciclagem de centrais nucleares ou de refinarias de petróleo não é algo fácil. Mudar o tipo de energia conduz a renunciar a tudo o que as instituições ou as empresas investiram e construíram no passado e que ainda carregam consequências sociais e econômicas sobre o presente e o futuro. Em psicologia social, tal mecanismo é chamado "armadilha esconsa"[10] e designa a tendência dos indivíduos em perseverar numa ação, mesmo quando ela se converte em algo irracionalmente custoso ou impeditivo de objetivos eficazes. Em matéria de vida afetiva, por exemplo, é a tendência a permanecer com quem não mais se ama, "porque não podemos ter vivido todos esses anos para nada".

9. Ver Agência Internacional de Energia, *World Energy Outlook*, 2014.
10. Ver R.V. Joule; J.L. Beauvois, *Petit traité de manipulation à l'usage des honnêtes gens*, Grenoble: Presses Universitaires de Grenoble, 2009.

Mas, retrucarão alguns, a razão de ser de uma instituição não é justamente a de *conservar* um patrimônio acumulado, uma trajetória sociotécnica, uma ordem social? Sim, mas o problema advém do fato de que precisamente as instituições dedicadas à inovação (pesquisas públicas ou privadas) sejam aquelas açambarcadas pelo sistema sociotécnico dominante. Em ciências agronômicas, por exemplo, um doutorando em agroecologia encontrará muito mais obstáculos e menos créditos em seu caminho do que um doutorando em agroquímica ou engenharia genética[11]. Sem contar que publicará com maior dificuldade em revistas científicas "de prestígio" e, assim, terá menos chance de seguir carreira em pesquisa. Daí o desabafo de Jean Gadrey, antigo professor de economia na Universidade de Lille: "Confie, pois [a agricultura do futuro] a uma academia dos 'melhores especialistas' do INRA, onde, entre nove mil postos, só se encontram 35 equivalentes de tempo integral nas pesquisas sobre agricultura biológica!"[12]

Mecanismos de bloqueio podem também ser revelados em princípios de ação coletiva. Por exemplo, cidadãos implicados na luta contra o aquecimento climático e pela construção de um mundo "pós-carbono" contam-se em milhões (nós vemos isso em campanhas de conscientização, manifestações, petições e debates), mas se encontram dispersos e sem coordenação (sem contar que utilizam, como todo o mundo, energia fóssil para viver). Do lado oposto, as pessoas engajadas na produção de energia a partir de combustíveis fósseis são bem menos numerosas. O grupo Total, por exemplo, conta com cem mil "colaboradores" (alguns dos quais estão convencidos de que se deve lutar contra o aquecimento climático) que são muito mais bem organizados e dispõem de fundos consideráveis (22,4 bilhões de euros em 2013). Em resumo, o sistema técnico disponível se dá meios de resistir às mudanças.

11. Ver G. Vanloqueren; P.V. Baret, How Agricultural Research Systems Shape a Technological Regime that Develops Engeneering but Locks out Agroecoloical Innovations, *Research Policy*, v. 38, n. 6, 2009; idem, Why are Ecological, Low-Input, Multi-Resistant Wheat Cultivars Slow to Develop Commercially, *Ecological Economics*, v. 66, n. 2, 2008.
12. J. Gradey, La "Démocratie écologique" de Dominique Bourg n'est pas la solution, *Alternatives économiques*, 18 jan. 2011.

Porém, não sejamos ingênuos. O bloqueio ou o fechamento não ocorre apenas de um ponto de vista "mecânico"; ele é também o resultado de campanhas intensas de *lobbying*. Na França, por exemplo, para poder "esgotar" a produção nuclear de eletricidade (muito difícil de estocar), alguns empresários propõem ainda instalar aquecedores elétricos nas novas construções, o que é uma aberração termodinâmica (pois a eletricidade é uma energia "nobre" e pode produzir outras coisas além de simples calor). Tais campanhas podem surgir até mesmo de quadros regulamentares. Em 1968, a General Electric praticava um marketing agressivo para impor aos promotores imobiliários esse mesmo tipo de aquecimento "chegando até mesmo a ameaçar os promotores de não fazer ligações em seus loteamentos se propusessem outras fontes de energia"[13]. Naqueles anos, o desenvolvimento da energia solar nos Estados Unidos foi asfixiado, quando já constituía uma melhor solução técnica. Da mesma maneira, para fazer recair o mundo dos agricultores no sistema dos pesticidas (a famosa "revolução verde"), as empresas agrotécnicas tiveram que despender uma energia considerável e somas insanas foram gastas[14], como o demonstram imagens de entomologistas que chegaram até mesmo a beber DDT diante dos céticos para provar a eles que não era tóxico[15].

No entanto, e tais exemplos constituem provas, esses bloqueios acabam um dia por saltar pelos ares. Na realidade, fazem apenas retardar as transições necessárias[16]. A dificuldade é que atualmente já não nos podemos permitir uma espera, e os bloqueios se tornaram gigantescos.

Um Problema de Vulto

O problema se mostra sério porque a globalização, a interconexão e a homogeneização

13. Adam Rome apud J.B. Fressoz, Pour une histoire désorientée de l'énergie, *Entropia: Revue d'étude théorique et politique de la décroissance*, n. 15, 2013.
14. Ver F. Veillerette; F. Nicolino, *Pesticides, révélations sur um scandale français*, Paris: Fayard, 2007.
15. Ver *DDT so Safe You Can Eat it 1947*, vídeo disponível em: <https://youtu.be/gtcxxbuR244>. Acesso em: 31 jul. 2023.
16. Ver M. Scheffer et al., Slow Response of Societies to New Problems: Causes and Costs, *Ecosystems*, v. 6, n. 5, 2003.

da economia deram rigidez aos bloqueios, aumentando exageradamente o poder dos sistemas já instalados. Segundo a tese do arqueólogo Joseph Tainter, essa tendência aparentemente inexorável das sociedades em se dirigirem para níveis mais complexos, com mais especializações e controles sociopolíticos seria ela própria uma das maiores causas do colapso das sociedades[17]. De fato, com o tempo, as sociedades se voltam para recursos naturais cada vez mais custosos, pois mais difíceis de explorar (já que os mais fáceis são primeiramente os explorados), reduzindo assim os benefícios energéticos, no exato momento em que aumentam suas burocracias, os dispêndios com controles sociais e com orçamentos militares, a fim de conservar o *status quo*. Obstruído por tal complexidade, o metabolismo da sociedade alcança um patamar de rendimentos decrescentes que a torna mais vulnerável ao colapso.

Ao se globalizar, nossa sociedade industrial alcançou níveis extremos de complexidade e, como vimos, entrou em uma fase de rendimentos decrescentes. Mas estendeu perigosamente seus bloqueios sociotécnicos. Cada vez que um sistema se implanta em um país ou região, ele se torna economicamente mais competitivo, até mesmo mais eficaz tecnicamente e se expande com rapidez, por contágio, a outros países. A eficácia dos sistemas em vigor torna em seguida mais difícil sair desse paradigma, sobretudo quando se instaura uma competição entre todos os países. Esse *global lock-in*[18] (enclausuramento ou bloqueio global) pode ser ilustrado por três exemplos: pelo sistema financeiro, pelo sistema energético baseado no carbono e pelo crescimento.

Nos últimos anos, a finança se concentrou em um número reduzido de enormes instituições[19]. No Reino Unido, por exemplo, a parte do mercado dos três maiores bancos passou de 50%, em 1997, para 80%, em 2008. Esse fenômeno de concentração obrigou os Estados a dar garantias bancárias

17. Ver J. Tainter [1988], *L'Éffondrement des sociétés complexes*, Paris: Le Retour aux sources, 2013.
18. Ver G.C. Unruh; J. Carrillo-Hermosilla, Globalizing Cabon Lock-in, *Energy Policy*, v. 34, n. 10, 2006.
19. Ver P. Gai et al., Complexity, Concentration and Contagion, *Journal of Monetary Economics*, v. 58, n. 5, 2011.

implícitas, o que erodiu a disciplina do mercado e encorajou os bancos a correr riscos excessivos, sem contar que os liames entre essas instituições e os governos "estreitaram-se demais". Daí que algumas instituições financeiras e multinacionais[20] tornaram-se *to big to fail* e *to big to jail*[21].

A história do carbono e de seu complexo tecnoindustrial talvez seja o exemplo do maior bloqueio da história. "As 'condições iniciais', a abundância de carvão ou de petróleo, assim como as decisões políticas encorajaram uma fonte de energia mais do que outra [e determinaram] as trajetórias tecnológicas de longa duração."[22] Atualmente, caso retiremos o carvão, o petróleo e o gás, quase nada resta de nossa civilização termoindustrial. Quase tudo o que conhecemos dependem deles: os transportes, a alimentação, o vestuário, o aquecimento, a indústria de transformação etc. Os poderes econômico e político das empresas de carvão, de petróleo e de gás tornaram-se desmesurados, a tal ponto que noventa empresas mundiais foram sozinhas responsáveis por 63% das emissões mundiais de gás de efeito estufa desde 1751[23]. Pior ainda, os partidários da transição energética (para fontes renováveis) têm necessidade dessa potência térmica para construir um novo sistema alternativo. O paradoxo talvez seja cômico: para esperar sobreviver, nossa civilização deve lutar contra as fontes de seu poder e de sua estabilidade, ou seja, atirar no próprio pé. Quando a sobrevivência da civilização depende totalmente de um sistema técnico dominante, nos deparamos com a última barreira.

O bloqueio do crescimento procede da mesma lógica. A estabilidade do sistema-dívida repousa inteiramente sobre tal crescimento: o sistema econômico mundial não pode renunciar a ele se quiser continuar a funcionar em seus próprios termos. Isso significa necessidade de crescimento

20. Ver S. Vitali et al., The Network of Global Corporate Control, *PloS ONE 10*, v. 6, n. 10, 2011.
21. Muito grandes para que se aceite a falência e muito grandes para (seus dirigentes) serem encarcerados. (N. da T.)
22. C. Bonneuil; J.B. Fressoz, op. cit., p. 129.
23. Ver Richard Heede, Tracing Anthropogenic Carbon Dioxide and Methane Emissions to Fossil Fuel and Cement Producers: 1854-2010, *Climate Change*, v. 122, 2014.

para seguir reembolsando os créditos, pagar pensões e benefícios sociais ou ainda impedir a expansão do desemprego[24]. De fato, nenhuma de nossas instituições está adaptada a um mundo sem progresso, pois foram concebidas *pelo e para* o crescimento. Tente frear um foguete em plena ascensão, fazê-lo retornar e pousá-lo suavemente... Se estivermos privados de crescimento durante longo tempo, o sistema econômico implode sob montanhas de dívidas que jamais serão saldadas. Mas, como ocorreu com a emissão de carbono, para que o sistema econômico global possa se transformar de modo flexível e com agilidade, ele tem necessidade de funcionar de maneira ótima, ou seja, com forte crescimento. Encontramo-nos agora diante deste novo paradoxo: para que a transição energética possa se expandir rapidamente, há necessidade de um forte desenvolvimento econômico. E seu corolário: é difícil pensar uma contração *ponderada* do sistema econômico mundial.

O poder e a onipresença desses bloqueios sociotécnicos tornaram as pessoas que dependem deles (todos nós) extremamente heterônomas, ou seja, desprovidas de capacidade para se desligar ou simplesmente encontrar uma ilha de autonomia. Mesmo o mundo político, estruturalmente orientado para escolhas de curto prazo, tem apenas um pequeno grau de liberdade. Como confessou Barack Obama, "penso que o povo americano esteve e continua a estar tão concentrado em nossa economia, nos empregos e no crescimento, que se a mensagem for para ignorar os empregos e o crescimento, apenas para tratar da questão climática, ninguém se empenhará nessa via. Eu não me engajarei"[25].

Nós criamos (especialmente nossos ancestrais) sistemas gigantescos, monstruosos, que se tornaram indispensáveis à manutenção das condições de vida de bilhões de pessoas. Eles não só impedem qualquer transição de curto prazo, mas também não podem nem mesmo se

24. Ver R. Douthwaite, *The Growth Illusion: How Economic Growth Has Enriched the Few, Impoverished the Many and Endangered the Planet*, Bideford, Devon: Green Books, 1999.
25. Apud A. Miller; R. Hopkins, Climate after Growth: Why Environmentalists Must Embrace Postgrowth Economics and Community Resilience, *Post-Carbone Institute*, set. 2013.

permitir que os importunemos, sob pena de ruírem. Como o sistema é autorreferenciado, torna-se evidente que não poderemos encontrar uma solução *em seu interior*. É preciso cultivar inovações à margem. Eis o objeto pleno da transição. Mas ainda existem margens?

Para resumir, galgamos com muita rapidez a escala do progresso técnico e da complexidade, naquilo que poderíamos considerar uma fuga adiante que se autoconserva. Hoje, quando a altura da escadaria do progresso gera uma certa vertigem, muitas pessoas se dão conta, não sem um certo pavor, que os degraus inferiores desapareceram e a subida continua. Deter esse movimento ascensional e descer calmamente para reencontrar um modo de vida menos complexo sobre terra firme não é mais possível… a menos que saltemos da escada, suportando um duro choque para quem o fizer ou provocando um choque sistêmico muito maior se muitas pessoas abandonarem a ascensão ao mesmo tempo[26]. Aqueles que compreendem essa situação vivem com angústia: quanto mais a fuga adiante prosseguir, mais dolorosa será a queda.

26. Ver D. Holmgren, Crash on demand: Welcome to the Brown Tech World, *Holmgren Design*, dez. 2013.

5. IMOBILIZADOS EM UM VEÍCULO CADA VEZ MAIS FRÁGIL

Várias centenas de milhões de parafusos, de porcas e de rebites de tamanhos diferentes, dezenas de milhares de peças metálicas para motores e carrocerias, peças de borracha, de plásticos variados, de fibra de carbono, de polímeros termorresistentes, de tecidos, de vidros, de microprocessadores... No total, seis milhões de peças são necessárias para construir um Boeing 747. Para montar seus aviões, a Boeing faz uso de 6.500 fornecedores, baseados em mais de cem países, e efetua cerca de 360 mil transações comerciais a cada mês[1]. Assim é a incrível complexidade de nosso mundo moderno.

No espaço de cinquenta anos vivenciamos uma interconexão global da maior parte das regiões do mundo. As informações, as finanças, o turismo, o comércio e suas cadeias de abastecimento e ainda as infraestruturas que sustentam todos esses fluxos encontram-se agora estreitamente conectadas.

Para o físico Yaneer Bar-Yam, especialista em ciência de sistemas e diretor do New England Systems Institute de Cambridge (nos Estados Unidos), "uma sociedade em rede se comporta como um organismo multicelular"[2]: a maior parte dos órgãos é vital, e não se pode amputar uma parte sem se correr o risco de morte do organismo. O que esse pesquisador percebeu

1. Ver D. Arkell, The Evolution of Creation, *Boeing Frontiers Online*, v. 3, n. 10, 2005.
2. Apud D. MacKenzie, Why the Demise of Civilization Can be Inevitable, *New Scientist*, n. 2650, 2008.

é que quanto mais esses sistemas se complexificam, tanto mais cada órgão se torna vital para o conjunto.

Em escala mundial, portanto, todos os setores e todas as regiões de nossa civilização globalizada se tornaram interdependentes, a ponto de não poder passar por uma crise sem provocar um vacilo ou uma desestabilização do conjunto do metaorganismo. Dito de outra maneira, nossas condições de vida, *neste preciso momento e lugar*, dependem do que se passou *há pouco* em numerosos lugares da Terra. O que nos leva a pensar que, como sublinha Yaneer Bar-Yam, "nossa civilização está muito vulnerável"[3].

Há três grandes riscos que ameaçam a estabilidade dos sistemas complexos: os efeitos dos limites (fenômenos em que, em determinada quantidade, tudo ou nada pode acontecer), os efeitos em cascata (por contágio) e a incapacidade do sistema de reencontrar um estado de equilíbrio após um choque (fenômeno de histerese)[4]. Como vimos até aqui, tais riscos se encontram nos sistemas naturais dos quais dependemos, e existem em nossos próprios sistemas artificiais, como vamos ver para as finanças, para as cadeias de abastecimento e as estruturas físicas que formam nossa sociedade.

Finanças de Pés de Barro

Como já mencionado, o sistema financeiro internacional converteu-se em uma rede de financiamentos e de obrigações associada a balanços contábeis de um vasto número de intermediários[5]. Pode-se medir essa complexidade por intermédio da crescente massa de regulamentos que foi preciso criar para gerá-la. Por exemplo, os acordos de Bâle, que visam garantir um mínimo de capitais próprios a fim de

3. Idem.
4. Ver I. Goldin; M. Mariathasan, *The Butterfly Defect: How Globalization Creates Systemic Risks, and What to do About it*, Princeton / Oxford: Princeton University Press, 2014.
5. Ver R.M. May et al., Complex Systems: Ecology for Bankers, *Nature*, v. 451, n. 7181, 2008.

assegurar a solidez financeira dos bancos, continha trinta páginas em 1988 (Bâle I), 347 em 2004 (Bâle II) e 616 em 2010 (Bâle III). Os documentos necessários à implementação desses acordos entre países signatários, por exemplo, para os Estados Unidos, continham dezoito páginas em 1998, chegando atualmente a trinta mil[6].

O sistema também ganhou em velocidade e sofisticação. Graças às operações mercantis em alta frequência, ordens de compra e venda são efetuadas automaticamente em velocidades de milésimos de segundos com a ajuda de computadores cada vez mais poderosos[7]. Os operadores também inovaram, preparando cuidadosamente novos produtos financeiros, os derivados de créditos (CDS, CDO), cujo volume literalmente explodiu. Conforme as estatísticas do Banco de Regulamentações Internacionais (BRI), o mercado de produtos derivados elevou-se a 710 bilhões em dezembro de 2013[8], algo aproximado a dez vezes o PIB mundial.

O problema é que a concentração dos atores, a complexidade e a velocidade das trocas financeiras e o fosso crescente entre a regulamentação e as inovações dos operadores fizeram do sistema algo muito frágil[9]. Os choques podem agora se expandir muito rapidamente sobre toda a rede[10]. Mas também a própria complexidade pode estar na origem de uma crise: quando as condições econômicas se deterioram (falência de clientes ou redução dos valores em bolsa dos ativos possuídos), os bancos encontram tamanha dificuldade em avaliar o conjunto das conexões que mantêm entre si que se instala uma desconfiança generalizada, provocando a venda catastrófica de ativos (*fire sales*) e o congelamento das transações[11]. O que ocorreu em 2008.

Pior; para evitar um colapso após essa última crise, os governos adotaram medidas

6. Ver A.G. Haldane; V. Madouros, The Dog and The Frisbee, em fala proferida junto ao Federal Reserve Bank durante o simpósio Jackson Hole de política econômica, Wyoming, USA, 31 ago. 2012.
7. Ver M. Lewis, *Flash Boys: A Wall Street Revolt*, New York: W.W. Norton and Company, 2014.
8. Ver OTC Derivatives Market Activity in the Second Half of 2013, *Bank for International Settlements*, 8 maio 2014. Disponível em: <https://www.bis.org/publ/otc_hy1405.pdf>. Acesso em: 1º ago. 2023.
9. Ver P. Gai et al., Complexity, Concentration and Contagion, *Journal of Monetary Economics*, v. 58, n. 5, 2011.
10. Ver P. Gai; S. Kapadia, Contagion in Financial Networks, *Proceedings of the Royal Society A*, v. 466, n. 2120, 2010.
11. Ver R.J. Caballero; A. Simsek, Fire Sales in a Model of Complexity, *The Journal of Finance*, v. 68, n. 6, 2013.

chamadas "não convencionais". Tomados de pânico face à magnitude da crise, os Bancos Centrais procederam a flexibilizações quantitativas, o equivalente moderno da emissão de moedas[12]. Eles compraram bônus do tesouro (o que equivale a emprestar ao Estado) e outros títulos financeiros, o que permitiu fluidificar a circulação de dinheiro nos mercados, evitando assim uma paralisia total no setor. De modo que o balanço contábil acumulado dos principais Bancos Centrais no mundo (americano, europeu, chinês, britânico e japonês) passou de sete trilhões, antes da crise, para mais de quatorze trilhões[13]. Todo esse dinheiro não representa nenhum valor tangível. E a tendência não se mostra esgotada: o Banco Central japonês, por exemplo, decidiu recentemente acelerar sua política de recompra dos bônus do tesouro por um montante de 734 bilhões de dólares anuais[14]. Essa estratégia, destinada a combater a espiral deflacionista em curso, parece cada vez mais uma "guerra de moedas" na qual os países respondem seguidamente à política monetária de seus "adversários", desvalorizando suas moedas para favorecer as indústrias, suas exportações e, por esse viés, suas taxas de emprego. Mas, segundo Keynes, "não há meio mais seguro de subverter a base existente da sociedade do que corromper a moeda. O processo compromete todas as forças ocultas da lei econômica no sentido da destruição, e o faz de maneira que nem sequer um homem em um milhão é capaz de diagnosticá-lo"[15].

O dissabor desse fato é que as crises bancárias e monetárias não se limitam ao setor financeiro. Elas afetam a atividade econômica, destruindo a coesão social e a confiança dos consumidores. As economias entram em recessão, o que faz aprofundar os déficits dos Estados. A Eurozona, por exemplo, viu a sua dívida pública aumentar em mais de três bilhões de euros (+ de 50%), no espaço de

12. No original, "planche à billets". (N. da T.)
13. Ver E. Yardeni; M. Quintana: Global Economic Briefing: Central Bank Balance Sheets, *Yardeni Research Inc.*, dez. 2014.
14. Ver J. Soble, Japan Abruptly Acts to Stimulate Economy, *The New York Times*, 31 out. 2014.
15. J.M. Keynes [1919], *The Economic Consequences of the Peace*, New York: Skyhorse, 2007, apud W. Ophuls, *Immoderate Greatness: Why Civilizations Fail*, North Charleston: Create Space, 2012.

seis anos, para alcançar um total de nove bilhões de euros, ou seja, 90% de seu PIB[16]. Se alguns afirmam hoje que a atividade econômica pôde se estabilizar após esse esforço considerável, os países nem por isso viram suas taxas de desemprego cair significativamente, nem as tensões sociais diminuir. Bem ao contrário.

Cadeias de Abastecimento no Fio da Navalha

Durante as últimas décadas, a economia real se interconectou fortemente graças à criação de uma gigantesca rede de abastecimento que facilita o fluxo contínuo de bens e de serviços entre produtores e consumidores. Atualmente, as empresas funcionam "de modo internacional": para maximizar os lucros, elas se deslocalizam e terceirizam tudo o que podem. Suas novas práticas de administração se concentram sobre a eficácia (a caça aos custos ocultos) e favorecem o abastecimento contínuo para evitar a formação de estoques que se tornaram muito caros. Os últimos estoques vitais de petróleo e de alimentos que os Estados ainda possuem são suficientes para poucos dias, para algumas semanas. Para o petróleo, por exemplo, a França tem a obrigação de estocaNr um mínimo de noventa dias de importação líquida[17].

Aumentando a extensão e a conectividade dessas cadeias de abastecimento, e reduzindo os estoques ao mínimo, o sistema econômico mundial ganhou em eficácia o que perdeu em resiliência. Assim como para as finanças, a menor perturbação pode agora provocar danos ou prejuízos consideráveis e se propagar como rastilho de pólvora ao conjunto da economia. O exemplo das inundações de 2011 na Tailândia é eloquente. Após fortes chuvas e quatro tempestades tropicais, numerosas empresas tailandesas, da agricultura à fabricação de computadores e de

16. Ver General Government Gross Debt: Annual Data, *Eurostat*, Disponível em: <http: //ec.europa.eu/eurostat>. Acesso em: 1º ago. 2023.
17. Ver T. Vampouille, Les Stocks stratégiques pétroliers en France, *Le Figaro*, 28 mar. 2012.

circuitos eletrônicos foram afetadas. Nesse país, grande fornecedor de arroz, a produção anual caiu 20%, a fabricação mundial de discos rígidos caiu 28%, o que fez com que os preços se elevassem e a fabricação de computadores, de aparelhos fotográficos e de vídeos digitais fosse interrompida. As inundações devastaram igualmente as fábricas da Honda, da Nissan e da Toyota, que foram obrigadas a interromper a produção. Observou-se no Fórum Econômico Mundial de 2012 que tudo aquilo se deveu "a cadeias de abastecimento eficazes que não levam em consideração eventos catastróficos"[18].

As fontes potenciais de perturbação das cadeias de abastecimento podem ter origens naturais (terremotos, maremotos, tempestades) ou ainda origem humana, como erros administrativos ou ataques terroristas. Em janeiro de 2012, a estratégia nacional da Casa Branca para a segurança das cadeias de abastecimento temia que redes criminosas ou terroristas "procurassem explorar o sistema ou utilizá-lo como meio de ataque"[19]. E já em 2004, declarava o secretário de Saúde americano Tommy Thompson: "Não entendo por que os terroristas não atacaram nosso sistema de abastecimento alimentar; é tão fácil fazê-lo."[20] No ano seguinte, uma equipe da Universidade de Stanford mostrou que uma contaminação por toxina botulínica de apenas um silo de 200 mil litros nos Estados Unidos poderia matar 250 mil pessoas, antes mesmo que se descobrisse a origem da contaminação[21].

Alguns pesquisadores descreveram como as redes de abastecimento globalizadas haviam contribuído para a derrocada do comércio mundial durante a crise de 2008[22]. Outros desenvolveram modelos

18. Impact of Thailand Floods 2011 on Supply Chains, *Word Economic Forum*, 2012.
19. National Strategy for Global Supply Chains Security, *White House*, Washington DC, 2012.
20. Apud S. Cox, US Food Supply Vulnerable to Attack, BBC *Radio 4*, 22 ago. 2006.
21. Ver L.M. Wein; Y. Liu, Analyzing a Bioterror Attack on the Food Supply: The Case of Botulinum Toxin in the Milk, *Proceedings of Sciences of the USA*, v. 102, n. 28, 2005.
22. Ver H. Escaith, Trade Collapse, Trade Relapse, and Global Production Networks: Supply Chains in the Great Recession, MPRA *Paper*, n. 18.274, Paris, 28 out. 2009, Mesa-redonda da OECD sobre os impactos da crise econonômica para a globalização e cadeias de valor global; H. Escaith et al, International Supply Chains and Trade Elasticity in Times of Global Crisis, *World Trade Organization* (*Economic Research and Statistics Division*), 2010, Staff Working Paper ERSD-2010 08.

macroeconômicos para tentar compreender os mecanismos de contágio[23]. Descobriram que, assim como no sistema financeiro mundial, os contágios nas redes de abastecimento podem ser comparados aos efeitos em cascata das cadeias tróficas (que vimos no capítulo sobre a biodiversidade)[24]. O choque, por exemplo a inadimplência de um fornecedor, se propaga, de início, verticalmente e, depois, horizontalmente, desestabilizando os concorrentes. Por fim, as cadeias de abastecimento são ainda mais frágeis porque dependem do sistema financeiro que oferece as linhas de crédito indispensáveis à atividade econômica.

Infraestruturas Ofegantes

Vamos além. As redes de abastecimento e o sistema financeiro funcionam sobre uma base física, ou seja, as redes de infraestrutura, que estão, por outro lado, cada vez mais sofisticadas. Trata-se de redes de transporte rodoviário, marítimo, aéreo ou ferroviário, assim como de redes elétricas e de telecomunicações (entre elas, a internet).

Tais estruturas físicas são os pilares de nossa sociedade e estão sujeitas (que surpresa!) igualmente a riscos de vulnerabilidade sistêmica. Por exemplo, todas as transações bancárias mundiais passam por um pequeno sistema chamado Swift (um código numérico), que possui apenas três centros de dados: um nos EUA, outro na Holanda e um terceiro, mais novo, na Suíça. Ele fornece um serviço padronizado de mensagens eletrônicas para transferências bancárias e de interfaces com mais de 10,5 mil instituições (no ano de 2015), em mais de 225 países, para um total de transações diárias ao redor de

23. Ver K.J. Mizgier et al., Modeling Defaults of Companies in Multi-Stage Supply Chain Networks, *International Journal of Production Economics*, v. 135, n. 1, 2012; S. Battiston et al., Credit Chains and Bankruptcy in Production Networks, *Journal of Economic Dynamics and Control*, v. 31, n. 6, 2007.
24. Ver A.G. Haldane; R. May, Systemic Risk in Banking Ecosystems, *Nature*, v. 469, n. 7330, 2011.

trilhões de dólares[25]. Se, por qualquer motivo, como ataques cibernéticos ou terroristas, esses centros nevrálgicos forem atingidos, as consequências poderão ser dramáticas para a totalidade da economia.

As redes de transporte são igualmente vetores potenciais de instabilidades. Por exemplo, a erupção do vulcão islandês Eyjafyallajökull, em 2010, forçou o transporte aéreo a suspender o tráfego durante seis dias consecutivos, afetando significativamente o comércio mundial. Entre todas as consequências dessa erupção, foram recenseadas perdas de emprego no Quênia e cancelamentos de cirurgias na Irlanda, assim como a interrupção de três linhas de produção da BMW, na Alemanha[26].

Em 2000, após um aumento no preço do diesel, apenas 150 caminhoneiros em greve bloquearam os grandes depósitos de combustíveis do Reino Unido. Quatro dias após o início da greve, a maior parte das refinarias do país havia parado suas atividades, forçando o governo a tomar medidas para proteger as reservas restantes. No dia seguinte, muitas pessoas correram a supermercados e mercearias para estocar alimentos. Mais um dia e 90% dos postos de combustível estavam inativos e o sistema nacional de saúde pública (NHS) começou a postergar cirurgias não essenciais. As entregas de correio cessaram e as escolas, em várias cidades, suspenderam as aulas. Grandes supermercados, como Tesco e Sainsbury's, introduziram um sistema de racionamento, e o governo convocou o exército para escoltar comboios de bens vitais. Finalmente, os grevistas cessaram suas ações face à pressão da opinião pública[27]. Para Allan McKinnon, autor de uma análise desse evento e professor de logística na Universidade de Heriott-Watt, em Edimburgo, caso isso viesse a se repetir, "após uma semana o país estaria lançado numa profunda crise econômica e social. Seriam necessárias semanas para que a maior parte dos

25. Ver Swift, Society for Worldwide Interbank Financial Telecomunication.
26. Ver Oxford Economics, *The Economic Impacts of Air Travel Restriction Due to Volcanic Ash*, Abbey House, 2010.
27. Ver N. Robinson, The Politics of the Fuel Protests: Towards a Multidimensional Explanation, *The Political Quarterly*, v. 73, n. 1, 2002.

sistemas de produção e de distribuição pudesse se recuperar. Algumas empresas talvez jamais se recuperassem"[28]. Um relatório da associação americana de transporte rodoviário[29], que compartilha tais inquietações, ilustra seus propósitos por meio de uma descrição cronológica dos efeitos em cascata que poderiam ser produzidos (ver quadro 1).

Quando os caminhões param, os Estados Unidos param (QUADRO 1)

Cronologia da deterioração dos principais setores de atividades após a paralisação do transporte por caminhões

Nas primeiras 24 horas:

- a entrega de fornecimentos médicos cessará na zona afetada;
- os hospitais ficarão sem suprimentos de base, como seringas e cateteres;
- nos postos de combustíveis começarão a faltar carburantes;
- as indústrias que funcionam com base no fluxo contínuo começarão a sentir a escassez de peças;
- o correio e os serviços de entregas cessarão suas atividades.

Depois de um dia:

- haverá escassez de alimentos;
- os combustíveis não estarão mais facilmente disponíveis, conduzindo a uma alta de preços e à formação de longas filas de espera nos postos;
- sem peças necessárias às indústrias e sem caminhões para a entrega de produtos, as linhas de montagem terão de parar, levando milhares de trabalhadores ao desemprego técnico.

Após dois ou três dias:

- as penúrias alimentares se agravarão, em particular se os consumidores entrarem em pânico e quiserem fazer estoques;
- mercadorias essenciais, como leite e carne, desaparecerão dos mercados varejistas;

28. A. McKinnon, Life without Trucks: The Impact of a Temporary Disruption of Road Freight Transport on a National Economy, *Journal of Business Logistics*, v. 27, n. 2, 2006.
29. Ver R.D. Holcomb, When Trucks Stop, America Stops, *American Trucking Association*, 2006.

- os caixas eletrônicos não terão notas, e os bancos não poderão fazer algumas transações; os postos de combustíveis deixarão de funcionar;
- a coleta de lixo deixará de ser feita em zonas urbanas e suburbanas, acumulando-se nas ruas;
- os contêineres ficarão imobilizados nos portos, e o transporte ferroviário sofrerá perturbações, antes de também ser interrompido.

Depois de uma semana:
- as viagens de carro serão abandonadas por falta de combustíveis; sem carros e ônibus, muitas pessoas estarão impossibilitadas de ir ao trabalho, de fazer compras e ter acesso a cuidados médicos;
- os hospitais começarão a esgotar suas reservas de oxigênio.

Após duas semanas:
- começará a faltar água potável.

Depois de um mês:
- o país terá esgotado sua água potável e não será possível bebê-la a não ser depois de ebulição. Por consequência, as doenças gastrointestinais aumentarão, pressionando ainda mais um sistema de saúde já debilitado.

As refinarias fornecem o carburante necessário ao transporte rodoviário, mas também aos trens que proveem de carvão as principais centrais termelétricas. Ora, essas últimas, que fornecem 30% da eletricidade no Reino Unido, 50% nos Estados Unidos e 85% na Austrália, possuem, em média, vinte dias de estoque de carvão[30]. Mas, sem eletricidade, é impossível fazer funcionar as minas de carvão e os oleodutos. Impossível também manter os sistemas de distribuição de água corrente, as redes de refrigeração, os sistemas de comunicação e os centros informáticos e bancários.

Um estudo recente, conduzido por pesquisadores da Universidade de Auckland, contabilizou cerca de cinquenta apagões elétricos que afetaram 26 países na última década[31]. Os pesquisadores

30. Ver D. MacKenzie, Will a Pandemic Bring Down Civilization?, *New Scientist*, 5 abr. 2008.
31. Ver H. Byrd; S. Matthewman, Exergy and the City: The Technology and Sociology of Power, *Journal of Urban Technology*, v. 21, n. 3, 2014.

observaram que essas panes têm por causa a fragilidade das redes, não adaptadas à intermitência das energias renováveis, a depleção das energias fósseis e eventos climáticos extremos. As consequências dessas panes são as mesmas em todos os lugares: racionamento de energia, desgastes econômicos e financeiros, riscos à segurança alimentar, transtornos em sistemas de transporte, interrupção de estações de tratamento e de antenas eletromagnéticas, aumento de crimes e de desordens sociais.

Além disso, numerosas redes de transporte, de eletricidade e de distribuição de água nos países da OCDE já têm mais de cinquenta anos (em alguns casos, um século) e se encontram funcionando além de suas capacidades máximas[32]. Após a crise econômica de 2008, não é raro ver governos retardarem ou congelarem os investimentos necessários à sua manutenção ou à construção de novas estruturas, o que torna o sistema de infraestruturas mais vulnerável. Nos Estados Unidos, por exemplo, setenta mil pontes (uma em cada nove) são consideradas estruturalmente deficientes, e 32% das rodovias estão em mau estado de conservação[33]. O que levou Ray LaHood, antigo secretário de Transportes no governo Obama, a dizer: "Nossa infraestrutura encontra-se hoje sob perfusão [...] Ela se deteriora porque não realizamos os investimentos necessários, e não temos dinheiro [para fazê-lo]."[34]

A lição a tirar desses exemplos é simples: quanto mais alto for o nível de interdependência das infraestruturas, mais as pequenas perturbações podem gerar grandes consequências sobre o conjunto de uma cidade ou de um país.

Qual Será a Faísca?

Até aqui vimos que esses riscos sistêmicos se materializaram em perdas limitadas

32. Ver I. Goldin; M. Mariathasan, op. cit., p. 101.
33. Ver S. Kroft, Falling Apart: America's Neglected Infrastructure, *CBS News*, 23 nov. 2014. Disponível em: <https://www.cbsnews.com/news/falling-apart-america-neglected-infrastructure/>. Acesso em: 2 ago. 2023.
34. Ibidem.

e interrupções passageiras em lugares bem localizados e momentos precisos. A questão agora é saber se uma ruptura no sistema financeiro, nas redes de abastecimento ou em infraestruturas pode se propagar ao conjunto da economia mundial e provocar seu colapso.

Segundo David Korowicz, especialista em riscos sistêmicos, a resposta é sim e a faísca poderia vir de dois lugares[35]. A primeira é o pico petrolífero, que poria em dificuldades nosso sistema monetário de reservas fracionárias (baseadas em dívidas), como visto em "A Extinção do Motor". A segunda é um desequilíbrio global do sistema financeiro. Em ambos os casos, o colapso econômico global passaria por uma fase de desconfiança, ela própria causada pela insolvência de bancos e de Estados.

Para sustentar seu propósito, Korowicz descreve um cenário de contágio que se iniciaria pela falência de um Estado da zona do euro. Essa crise semearia o pânico no setor bancário país após país e depois se transmitiria às economias, quer dizer, a todos os setores de atividades, acabando por se transformar em crise alimentar ao fim de alguns dias. Em cerca de duas semanas, a crise se estenderia de maneira exponencial através do mundo. Ao cabo de três semanas, alguns setores vitais não mais poderiam retomar suas atividades (ver "Um Mosaico a Explorar").

Sob outro ponto de vista, uma pandemia severa também poderia ser a causa de um grande desmoronamento[36]. Para tanto, não é preciso que um vírus dizime 99% da população humana; bastaria uma pequena percentagem. Com efeito, quando uma sociedade se torna mais complexa, a especialização das tarefas aumenta e faz surgir determinadas funções-chave, das quais a sociedade não pode mais prescindir. Esse é o caso do transporte rodoviário que abastece o país de combustíveis, de certos postos técnicos de centrais nucleares ou de engenheiros que mantêm os *hubs* informáticos[37]. Para Bar-

35. D. Korowicz, Trade-Off: Financial System Supply-Chain Cross Contagion, *Feasta*, 2012.
36. D. MacKenzie, Will a Pandemic Bring Down Civilization?, op. cit. (N. da T.: Essa previsão antecedeu a crise sanitária e econômica que se prolongou por dois anos, causada pela pandemia da Covid-19.)
37. Um *hub* é um dispositivo de rede que conecta diferentes nós em uma rede estelar; por exemplo, em uma rede Ethernet. Sua principal tarefa é conectar vários computadores e imediatamente retransmitir os dados que recebe. (N. da T.)

-Yam, "um dos mais evidentes resultados da pesquisa sobre sistemas complexos é o de constatar que, quando um sistema se complexifica em demasia, certos indivíduos se tornam por demais importantes"[38].

Na opinião de John Lay, à frente de um plano global de urgência da Exxon Mobil, que simulava os efeitos de uma gripe como a de 1918 (conhecida como *espanhola*), "se nós conseguíssemos convencer as pessoas de não haver perigo em vir trabalhar, cremos que haveria 25% de abstenção"[39]. Nesse caso, se tudo for posto em prática para preservar os postos importantes, não haveria consequências graves. "Mas, se tivéssemos 50% de abstenções, a história mudaria de figura." E, se aos doentes se juntassem as pessoas que receiam se contaminar e permanecem em casa, os efeitos em cascata poderiam ser catastróficos. Em não muitos dias o sistema poderia ser totalmente interrompido. Em 2006, economistas simularam os efeitos que a gripe espanhola teria hoje sobre o mundo: 142 milhões de mortos e uma recessão econômica que amputaria o PIB mundial em 12,6%[40]. Nesse cenário, a taxa de mortalidade seria de 3% (das pessoas infectadas). Ora, para o vírus H5N1, ou Ebola, essa taxa pode ultrapassar 50 ou 60%.

Alguns poderão retorquir que na Idade Média a peste dizimou um terço da população europeia[41], mas não houve, apesar disso, extinção da civilização. Certo, mas a situação era diferente. As sociedades eram muito menos complexas do que hoje. Não apenas as economias regionais eram compartimentadas, reduzindo o contágio, mas as populações eram majoritariamente camponesas. Ora, a diminuição de um terço de camponeses pode reduzir a produção agrícola igualmente em um terço, mas não faz desaparecer as funções vitais do conjunto da sociedade. Sem contar que, na época, os sobreviventes podiam se apoiar em economias não poluídas e diversificadas, em novas terras potencialmente aráveis, em florestas relativamente abundantes e num clima estável, bem definido. Tais condições já não se encontram reunidas.

38. D. MacKenzie, op. cit.
39. Ibidem.
40. Ibidem.
41. Os autores se referem, provavelmente, à chamada peste negra (bubônica), que se espalhou pela Europa entre 1347 e 1350, proveniente da China. (N. da T.)

Além do mais, parece que em nossos dias poucas pessoas têm consciência do aspecto sistêmico das relações socioeconômicas, e os governos se mostram particularmente ineficazes para encontrar saídas a essa situação[42]. Por sua vez, "as instituições internacionais se concentram mormente sobre problemas simples, particulares, ignorando as inter-relações dos sistemas. Lutar contra o aquecimento climático por meio de plantações de florestas, por exemplo, pode destruir os ecossistemas abordados pela Convenção sobre a Biodiversidade da ONU. Ou a promoção dos biocombustíveis pode acelerar o desflorestamento e erodir a segurança alimentar de países pobres"[43].

Enfim, cabe assinalar que os sistemas se tornaram de tal modo complexos que, mesmo na ausência de choques externos, somente por suas enormes estruturas eles podem entrar em colapso. De fato, além de um certo nível de complexidade, as ferramentas tecnológicas de medida já não são poderosas o suficiente para compreender e prever os comportamentos caóticos de tais sistemas. Tornou-se absolutamente impossível dominá-los por inteiro[44]. Mesmo que expertos e decisores estejam informados dos riscos (o que nem sempre é o caso), sejam competentes e disponham das melhores tecnologias, não podem evitar o aparecimento de rupturas nos sistemas globais.

Essa "hiperglobalização" transformou a economia, por conseguinte, em um sistema gigantesco, altamente complexo, que conecta e multiplica os riscos ou as turbulências próprias de cada setor de que tratamos. Isso fez surgir um novo tipo de risco, o *risco sistêmico global*, cujos estopins potenciais são infinitos, podendo tanto gerar pequenas recessões quanto uma depressão econômica mais grave ou um colapso generalizado.

Em nossas sociedades, poucas pessoas podem hoje sobreviver sem supermercado, cartão de crédito, posto de combustível (ou

42. Ver I. Goldin, *Divided Nations: Why Global Governance is Failing, and What Can we do about it*, Oxford: Oxford University Press, 2013.
43. B. Walker et al., Looming Global-Scale Failures and Missing Institutions, *Science*, v. 325, n. 5946, 2009.
44. Ver D. Helbing, Globally Networked Risks and How to Respond, *Nature*, v. 497, n. 7447, 2013.

telefone celular). Quando uma civilização se *desprende do solo*, quer dizer, quando seus habitantes não têm mais ligações diretas com o sistema-Terra (a terra, a água, os animais e o mundo vegetal), eles se tornam dependentes de estruturas absolutamente artificiais, que os mantêm num estado de isolamento. Se essas estruturas se deterioram, é a sobrevivência do conjunto da população que já não pode ser assegurada.

Balanço da Primeira Parte

UM QUADRO QUE SALTA AOS OLHOS

Retomemos o fôlego. E façamos um resumo.

Para se manter, evitar as turbulências financeiras e as revoltas sociais, nossa civilização industrial é obrigada a acelerar, a se tornar mais complexa e a consumir mais energia. Sua expansão fulgurante esteve alimentada por uma disponibilidade excepcional, mas cedo consumida, de energias fósseis muito rentáveis de um ponto de vista energético, aliada a uma economia de crescimento e de endividamento extremamente instável. E esse crescimento da civilização industrial, hoje constrangido por limites geofísicos e econômicos, chegou a uma fase de rendimentos decrescentes. A tecnologia, que por longo tempo serviu para empurrar os limites, é progressivamente incapaz de assegurar a aceleração requerida e "enclausura" essa trajetória não durável, impedindo a inovação ou alternativas.

Em paralelo, as ciências da complexidade descobrem que, para além de certas balizas, os sistemas complexos – ecossistemas ou economias integradas – se desequilibram bruscamente em direção a novos estados impossíveis de serem conhecidos antecipadamente ou mesmo desmoronam por inteiro. Estamos cada vez mais conscientes de que já transgredimos certas fronteiras que garantiriam a estabilidade de nossas condições de vida, seja como sociedade, seja como espécie. O sistema climático global, vários ecossistemas ou grandes ciclos biogeoquímicos do planeta deixaram a zona de estabilidade que conhecíamos, anunciando com isso o tempo de bruscas e grandes perturbações que, retroativamente, vão desestabilizar a sociedade industrial, a humanidade e outras espécies.

O paradoxo que caracteriza a nossa era – e provavelmente todas as épocas em que uma civilização se defrontou com limites e transgrediu fronteiras – é que, quanto mais ganha em potência, mais se torna vulnerável. O sistema político e socioeconômico moderno, graças ao qual mais da metade dos humanos vive, esgotou severamente os recursos e perturbou os sistemas sobre os quais ele próprio repousava (o clima e os ecossistemas), a ponto de degradar perigosamente as condições que permitiam no passado sua expansão, que garantem hoje sua estabilidade e que lhe permitam sobreviver.

De maneira simultânea, a estrutura crescentemente globalizada, interconectada e enclausurada de nossa civilização a torna não só mais vulnerável aos menores solavancos, internos ou externos, mas a submete, a partir de agora, a dinâmicas de colapso sistêmico.

Eis onde nos encontramos. Para nos preservarmos de grandes perturbações climáticas e ecossistêmicas (as que ameaçam não apenas nossa espécie, mas todas as demais), é preciso parar o motor. O único caminho a tomar para gerir um espaço sem perigos é, portanto, o de deter claramente a produção e o consumo de energias fósseis, o que conduz a um desmoronamento econômico e provavelmente sociopolítico, e mesmo ao fim da civilização termoindustrial.

Para conservar o motor de nossa civilização industrial, é preciso sempre transgredir fronteiras, quer dizer, continuar a prospectar, perfurar, produzir e desenvolver, cada vez mais rapidamente. Esse processo leva de forma inevitável a desequilíbrios climáticos, ecológicos e biogeofísicos, assim como ao pico de recursos, ou seja, ao mesmo resultado no fim das contas – ao colapso econômico – sem mencionarmos a perspectiva de extermínio de todas as espécies vivas.

Atualmente, estamos seguros de quatro coisas: 1. o crescimento físico de nossas sociedades vai se interromper num futuro próximo; 2. nós alteramos o conjunto do sistema-Terra de modo irreversível (ao menos em escala geológica para os humanos); 3. caminhamos para um futuro muito instável, não linear, em que as perturbações internas e externas serão a norma habitual; 4. estamos agora potencialmente submetidos a desmoronamentos ou colapsos sistêmicos globais.

Dessa maneira, e assim como numerosos cientistas – climatologistas, físicos, agrônomos, ecologistas, economistas –, filósofos, militares, jornalistas especializados e até mesmo alguns políticos (cujas citações aparecem em epígrafe no início desta obra), deduzimos que nossa civilização pode desmoronar num futuro não muito distante.

Para retomar a metáfora do veículo, agora, quando a aceleração jamais foi tão forte, o nível de combustível indica que chegamos à reserva e que o motor, quase sem potência, engasga e trepida. Excitados pela velocidade antes alcançada, saímos da pista demarcada e resvalamos por uma encosta abrupta, coalhada de obstáculos. Alguns passageiros percebem que o veículo é muito frágil face ao perigo, mas o condutor, aparentemente, continua a acelerar.

Enxergar esse quadro em seu conjunto, e não por intermédio de uma ou de algumas crises tomadas em separado, constitui um salto qualitativo na compreensão de nossa época. O exemplo do vírus Ebola é interessante [as crises estão entre colchetes]: a destruição das florestas [biodiversidade] favoreceu a propagação do vírus [saúde], mas o número de pessoas mortas ou inaptas para o trabalho e as medidas de confinamento frearam a atividade econômica [economia] e perturbaram seriamente as redes de abastecimento [infraestruturas] e as colheitas [alimentação].

Resultado: menos de seis meses após o início da pandemia, mais de um milhão de pessoas estão ameaçadas de fome no oeste da África[45], e o sistema de saúde da Guiné encontra-se por demais fragilizado [infraestrutura][46]. O que ocorrerá na próxima epidemia se os sistemas de saúde não forem capazes de assegurar uma resposta?

Assim também, face a uma cifra alarmante, como o pico petrolífero, o reflexo de nossa cultura científica reducionista é o de procurar espontaneamente "soluções" no mesmo domínio, mas que são incompatíveis com "crises" vizinhas. Conhecer as interconexões entre os domínios permite evitar os escolhos, assim como ver que raramente há "soluções" técnicas que não agravem a situação, consumindo sempre mais energia e materiais.

O quadro se tornou tão evidente, denso e asfixiante, que, se por acaso alguns investigadores se enganaram em suas conclusões, se algum dado estiver errado ou se nos extraviarmos em alguma interpretação, o raciocínio permanece sensivelmente o mesmo. A constatação é muito resiliente! Imaginemos um mundo ideal em que conseguiremos dominar as finanças. Isso mudaria alguma coisa na frequência das tempestades, dos incêndios, no fim do petróleo, na extensão das redes de abastecimento ou na contínua extinção de animais e de espécies? Imaginemos ter encontrado uma nova fonte de energia infinita: como evitar o fim dos minérios de fosfato, os deslocamentos populacionais ou os riscos sistêmicos devidos à globalização? Com certeza, poderemos manter uma aparência de civilização industrial durante alguns anos mais, mas provavelmente a queda será de uma altura ainda maior.

No curso de nossas pesquisas, tivemos progressivamente a sensação de estarmos encurralados. Pior ainda, constatamos que todas as "crises" estavam associadas, que uma delas poderia desencadear um efeito cascata nas demais, como uma espécie de

1. Ver L'ONU estime qu'un million de personnes sont menacées par la faim à cause d'Ebola, *LeMonde.fr*, 17 dez. 2014.
2. Ver R. Barroux, Ebola met à mal tout le système de sainté guinéen, *Le Monde*, 31 dez. 2014.

"efeito dominó" gigante. Dar-se conta disso provoca uma impressão de estupor e frustração, a mesma que poderíamos sentir ao caminhar sobre um lago recoberto por uma camada de gelo cada vez mais fina. Enquanto paramos boquiabertos com a fragilidade de nossa situação, ouvimos ao nosso redor os gritos de "vamos", "em frente", "acelerando", "não podemos parar"!

Mas, atenção! Ainda que as notícias sejam alarmantes, é necessário reconhecer que o sistema econômico global e, *a fortiori*, a civilização termoindustrial ou mesmo o sistema-Terra ainda não desmoronou. O próprio hábito do sistema capitalista é o de se alimentar de crises para crescer. Isso permite dizer aos que não creem num colapso que a dúvida subsiste. E é verdade: subsiste e subsistirá mesmo após o desmoronamento (o que veremos no capítulo seguinte). Tudo isso atrai numerosas questões de naturezas psicológica, política ou arqueológica, que abordaremos em "Um Mosaico a Explorar" e "E o Humano em Tudo Isso?" Antes, é preciso tratar da questão do tempo. É conveniente dizer que tudo pode desmoronar, mas é também apropriado oferecer índices da iminência de tal evento. Pois, em última análise, todas as civilizações acabam por se extinguir um dia ou outro. No que isso nos diz respeito, a nós, das gerações atuais?

E ENTÃO, QUANDO?

6.

AS DIFICULDADES DE SER FUTURÓLOGO

Então, é para quando? 2030, 2050, 2100? Não se impaciente. Não faremos prognósticos neste capítulo, pois a dificuldade está em saber o que se quer datar com precisão. "Desmoronamento ou colapso" implica diferentes horizontes temporais. O ritmo das finanças não é o mesmo da elevação do nível dos mares[1]. Os financistas falam de uma crise iminente, pois nenhuma lição foi tirada daquela de 2008. Quanto aos climatologistas, eles tratam tanto dos acontecimentos atuais quanto dos que poderão advir em alguns anos ou décadas.

Para tentar saber o que o futuro nos reserva, é necessário partir de certezas. Já vimos que catástrofes climáticas ocorrem (por consequência de ações humanas) e vão se intensificar. O mesmo se aplica à erosão da biodiversidade, às poluições químicas, às secas e aos incêndios florestais, às guerras por água e outros recursos, às migrações em massa, a epidemias, atentados terroristas,

1. Conforme o sítio *Climate Change Knowledge Portal* (2023), "o aquecimento sistemático do planeta está causando diretamente a elevação do nível médio global do mar de duas formas primárias: 1. as geleiras de montanha e as camadas de gelo polar estão se derretendo progressivamente e acrescentando água ao oceano; e 2. o aquecimento da água nos oceanos leva a uma expansão e, portanto, a um aumento do volume. O nível médio global do mar subiu aproximadamente 210-240 milímetros desde 1880, com cerca de um terço ocorrendo apenas nas últimas duas décadas e meia (de 1996 a 2020). Atualmente, o aumento anual é de aproximadamente três milímetros por ano. Existem variações regionais devido à variabilidade natural dos ventos regionais e das correntes oceânicas, que podem ocorrer em períodos de dias a meses, ou mesmo décadas. Mas, localmente, outros fatores também podem desempenhar um papel importante, como a elevação (por exemplo, o contínuo ressalto do peso das geleiras da Idade do Gelo) ou a subsidência do solo, mudanças nos lençóis freáticos devido à extração de água ou outro gerenciamento de água, e até mesmo devido aos efeitos da erosão local". Já um estudo do *Climate Central*, publicado em setembro de 2020 na revista *Nature Communications*, revela que cerca de 70% das pessoas

crises financeiras, tensões sociais devidas às desigualdades etc. Tudo isso constitui um imenso reservatório de perturbações potenciais (sendo algumas de pequenas proporções) que podem a todo momento desencadear efeitos em cascata por via de estruturas altamente interconectadas e enclausuradas do sistema econômico mundial. Os cientistas denominam essas pequenas fagulhas capazes de pôr fogo em pólvora de *fentorriscos*, em referência à aparente insignificância de causas com efeitos potenciais (1 fento = 10^{-15}, ou um dividido um quatrilhão de vezes)[2].

Mas como ainda podemos acreditar na urgência, se catástrofes têm sido anunciadas há quarenta anos (na realidade, desde Malthus!)? Nos anos 1970, numerosos cientistas tentaram prever o futuro. Alguns se enganaram, como Paul Erlich a respeito de uma projeção demográfica[3], mas outros previram acertadamente, como Rachel Carson, a propósito da utilização de pesticidas[4], ou o meteorologista John S. Sawyer, que num artigo da revista *Nature*, de 1972, calculou a diferença de temperatura e o aumento do CO_2 na atmosfera para o período até o ano 2000[5].

Como continuar a crer nessas incansáveis predições? Em quem acreditar? As advertências do Clube de Roma datam de 1972, e seu modelo permanece válido (como veremos em "O Que Dizem os Modelos?"); no entanto, numerosos são aqueles que não acreditam nele. Os anúncios catastróficos cansaram as pessoas? Quarenta anos de espera é muito tempo...

As duas épocas, porém, são muito diferentes. Há meio século, o apocalipse tinha a forma de um inverno nuclear que poderia jamais ocorrer, provocado por bombas atômicas. O medo era real, as comunidades

atualmente sob risco da subida dos oceanos encontram-se em oito países asiáticos: China, Bangladesh, Índia, Vietnã, Indonésia, Tailândia, Filipinas e Japão. Em 2050, a maior parte do Vietnã do Sul poderá desaparecer na maré alta, deslocando vinte milhões de pessoas de suas localidades atuais. Na Tailândia, 10% da população vive em terras que serão inundadas, em comparação com 1% hoje em dia. Grande parte de Bangkok e Mumbai, dois centros financeiros da Ásia, que abrigam dezenas de milhões de pessoas, estão sob risco evidente de serem inundados nas próximas décadas. (N. da T.)

2. Ver A.B. Frank et al., Dealing with Femtorisks in International Relations, PNAS, v. 111, n. 49, 2014.
3. Ver P.R. Ehrlich, *The Population Bomb*, New York: Ballantine Books, 1968.
4. Ver R. Carson, [1962], *Printemps silencieux*, Marseille: Wildproject, 2014.
5. Ver D. Nuccitelli, A Remarkably Accurate Global Warming Prediction Made in 1972, *The Guardian*, 10 mar. 2014.

sobrevivencialistas apareceram, mas nada se passou. Hoje em dia, as catástrofes climáticas e ambientais são menos espetaculares, mas já começaram. Agora, não devem deixar de ocorrer!

Por outro lado, se a possibilidade de um colapso da civilização industrial é cada vez mais palpável e real, não temos certeza de sua data. Para prever o futuro, os cientistas constroem probabilidades a partir de dados dispersos. Das profecias milenaristas de antanho ao medo do inverno nuclear mais recente, todas as predições de desmoronamento de nossas sociedades falharam – todo o mundo pode constatar. Então, como estar seguro de que não falhamos mais uma vez? É simples: não se pode mais errar. Mas podemos obter índices.

Da Medida dos Riscos à Intuição

Para tentar prever e evitar as catástrofes ou os choques semelhantes a 2008, alguns especialistas, como os seguradores, procuram desenvolver ferramentas de medida e de gestão de riscos. Mas "os fatores que determinam as consequências e os impactos... estão cada vez mais complexos e, ao mesmo tempo, mais difíceis de ser compreendidos"[6]. Os fentorriscos não podem ser apreendidos pelas ferramentas clássicas de gestão de riscos. Claramente, a maioria das empresas não dispõe de recursos para avaliá-los.

Se, por acaso, chega-se a identificar todos os riscos, a avaliação necessita de uma certa transparência e a admissão de responsabilidades por parte das instituições e seus decisores. Ora, isso vem a ser cada vez mais difícil de ser obtido em meio a sistemas altamente complexos, pois as consequências não intencionais ou desconhecidas de ações individuais aumentam consideravelmente (o que se aplica tanto a um Estado quanto a uma grande empresa). É o *acaso*

6. A. Kilpatrick; A. Marm, Globalization, Land Use and the Invasion of West Nile Virus, *Science*, v. 334, n. 6054, 2011, p. 323-327.

moral: nos comportamos como se não estivéssemos, nós mesmos, expostos ao risco. Alguns agentes se desresponsabilizam de suas decisões, mas, ainda mais grave, embora suas ações possam ser consideradas racionais, podem também conduzir a um inevitável revés coletivo.

Pior ainda, pois há obstáculos teóricos insuperáveis. A ciência não tem condições de prever tudo e jamais as terá, dado existir elementos impossíveis de prever, os chamados "cisnes negros"[7]. Como explica o filósofo, matemático e antigo operador de mercado Nicholas Nassim Taleb, os métodos clássicos de avaliação são pouco adequados para a previsão de eventos raros ou para o comportamento de sistemas complexos. Imaginado por Bertrand Russel e retomado por Taleb, o famoso problema da "perua indutivista" o ilustra à maravilha. No universo de uma granja de perus, tudo vai bem no melhor dos mundos. O criador vem todos os dias dar milho e farelo, e a temperatura é sempre boa. Perus e peruas vivem num mundo de crescimento e de abundância... até a véspera do Natal. Se houvesse uma perua estatisticamente especializada na gestão de riscos, no dia 23 de dezembro ela diria a suas congêneres que não havia nenhuma preocupação quanto ao futuro.

A economia mundial sobreviveu à crise de 2008. Pode-se deduzir que o sistema é hiper-resiliente ou que ele se enfraqueceu de maneira considerável, mas não se pode provar que ele vai ruir ou não. Segundo uma distinção feita em 1921 por dois economistas, Knight e Keynes[8], os *riscos* podem ser submetidos a cálculos prováveis, mas não o que é *incerto*. O incerto pertence ao território dos cisnes negros, não sendo quantificável. Ali não se pode navegar com curvas de Gauss e outros instrumentos de gestão de riscos. Além disso, fechados em suas disciplinas, os especialistas de risco veem que "para cada risco com o qual se ocupam, é pouco verossímil que o futuro nos reserve uma tragédia maior"[9].

7. Ver N.N. Taleb [2007], *Le Cygne noir*, Paris: Les Belles Lettres, 2010.
8. Apud J.P. Dupuy, *Pour un catastrophisme éclairé*, Paris: Seuil, 2002, p. 105.
9. Idem, p. 84-85.

Ora, nossa sociedade não gosta da incerteza. Ela serve de evidente pretexto à inação, e seu funcionamento repousa sobre sua capacidade de prever eventos futuros em qualquer domínio. Quando essa capacidade se esvanece, nós parecemos desorientados e perdemos a aptidão de fazer projetos reais.

Então, como gerir os "cisnes negros"? Como gerir o próximo "Fukushima"? Na verdade, não se pode geri-los. É preciso abandonar o hábito e passar do modo "observar, analisar, comandar e controlar" para "experimentar, agir, sentir e ajustar"[10]. Abrir a razão à intuição. Em colapsologia, é a intuição, alimentada por conhecimentos sólidos, que será primordial. Todas as informações contidas neste livro, por objetivas que sejam, não constituem uma prova formal de que logo haverá um grande colapso ou desmoronamento geral; elas apenas permitem aumentar o saber e, portanto, refinar a intuição e agir de maneira convincente.

Os Paradoxos do Desmoronamento

As reflexões do filósofo Jean-Pierre Dupuy são úteis para delimitar a temporalidade de um colapso. Após os atentados do 11 de Setembro, ocorreu algo estranho no imaginário dos habitantes de países ricos, como um clique, uma compreensão súbita. "O pior dos horrores tornou-se agora possível, disseram aqui e ali." Mas, prossegue Dupuy, "se ele se tornou possível, não o era antes. E, no entanto, objeta o bom senso (?), se ele se produziu é porque era possível". Presenciou-se o fato como uma "irrupção do impossível no possível". Antes, ele poderia ter existido na cabeça de raros romancistas. Depois, passou do mundo imaginário ao real.

O filósofo Henry Bergson via o mesmo fenômeno como uma obra de arte que, enquanto não existente, não pode ser imaginável (senão teria sido

10. D.J. Snowden; M.E. Boone, A Leader's Framework for Decision Making, *Harvard Business Review*, v. 85, n. 11, 2007, p. 59-69.

criada antes). Assim, a *possibilidade* da obra artística é criada simultaneamente com a obra em si. O tempo da catástrofe, afirma Dupuy, é essa "temporalidade invertida": a obra ou a catástrofe só se tornam possíveis *retrospectivamente*. "Eis aí a fonte do nosso problema. Pois, se é necessário prevenir a catástrofe, é preciso acreditar em sua possibilidade antes que ela se produza."[11] Esse nó é, para Dupuy, o principal obstáculo (conceitual) a uma política da catástrofe.

Para resolver esse problema, Hans Jonas, em 1979, propôs "prestar mais atenção à profecia da desgraça do que àquela da felicidade"[12] nos assuntos que comportam um potencial catastrófico. Seguindo o mesmo veio, Dupuy sugere uma postura a qual chama de catastrofismo esclarecido, para navegar na incerteza das catástrofes. Para ele, as ameaças crescentes não devem ser tomadas como fatalidades ou apenas riscos, mas como certezas. Certezas para melhor poder evitá-las, ou melhor preparar-se para elas. "A infelicidade é o nosso destino, mas um destino que somente o é porque os homens não reconhecem as consequências de seus atos. É sobretudo um destino que nós podemos escolher afastar de nós."[13] O colapso é certo, e por isso não é trágico. Ao dizer isso, abrimos a possibilidade de evitar que haja consequências catastróficas.

Há outra curiosidade temporal sugerida por Bergson, ou seja, o fato de que, após um evento catastrófico, este deixa de ser vivido como tal, e passa a algo banal. Dupuy comenta: "A catástrofe tem isso de terrível; não apenas não acreditamos que ela vá se produzir, embora tenhamos todas as razões para saber que irá, mas, uma vez ocorrida, ela aparece sendo da ordem natural das coisas. Sua realidade a torna banal. Não é julgada possível antes de se realizar; eis então integrada, sem outra forma, ao 'mobiliário ontológico' do mundo, para falar o jargão dos filósofos."[14]

O desmoronamento poderia assim se converter em nossa normalidade, perdendo progressivamente seu caráter excepcional e, daí, catastrófico.

11. J.P. Dupuy, op. cit., p. 13.
12. Hans Jonas apud J.P. Dupuy, op. cit., p. 13.
13. J.P. Dupuy, op. cit., p. 63.
14. Ibidem, p. 84-85.

Desde então, aposta-se que o colapso de nossa civilização somente será descrito muito mais tarde por arqueólogos e historiadores. E é certo que eles não concordarão sobre a interpretação a ser dada ao acontecimento.

Um último paradoxo: se, ao contrário, se anuncia muito cedo um colapso, ou seja, agora, e com autoridade, por exemplo, por meio do discurso oficial de um chefe de Estado, é bem possível que ocorra o pânico nos mercados (ou nas populações) e assim causar, antecipadamente, o que se desejaria adiar. A autorrealização formula, portanto, a seguinte questão estratégica: podemos todos nós nos preparar sem dar início ao desmoronamento? Deve-se falar dele publicamente? Podemos fazê-lo?

Para além desses paradoxos e da impossibilidade de saber com certeza a ocorrência de cisnes negros, há certas ferramentas científicas que nos permitem recolher indícios sobre a natureza do futuro (e, portanto, do futuro da natureza).

7. PODEM-SE DETECTAR SINAIS PRECURSORES?

Vimos em "A Saída de Rota" que os sistemas complexos, em particular, os ecossistemas e o sistema climático, podem oscilar bruscamente em direção a outro estado, à maneira de um interruptor que se pressiona constantemente. A imprevisibilidade dessas oscilações desorienta qualquer decisor ou especialista em estratégia, sabendo-se que em nossa sociedade as escolhas costumam ser baseadas na capacidade que temos de prever os eventos. Ora, sem grande previsibilidade é difícil investir humana, técnica e financeiramente nos bons locais e nos momentos oportunos.

Logo, o desafio crucial está em detectar os sinais precursores das mudanças catastróficas para poder reagir a tempo. Mais precisamente, tratar-se-ia de aprender a reconhecer a fragilidade extrema de um sistema que se aproxima de seu limite de oscilação, aquele que abre a oportunidade para "a pequena faísca". Por exemplo, nas pastagens áridas da região mediterrânea, quando a vegetação mostra formas irregulares em manchas (vistas do alto), isso significa que o sistema está prestes a passar a um estado de desertificação, dificilmente reversível[1]. Esse campo de estudos, o de *early warning signals* (sinais precursores), é uma disciplina em plena expansão.

1. Ver S. Kéfi et al., Spatial Vegetation Patterns and Imminent Desertification in Mediterranean Arid Ecosystems, *Nature*, v. 449, n. 7154, 2007.

O "Ruído" de um Sistema Que Vai Desmoronar

Uma das características mais frequentemente observáveis de um sistema "à beira da ruína" é que ele leva mais tempo para se refazer de uma perturbação por pequena que seja. Seu tempo de recuperação após um choque aumenta, ou, dito de outra forma, sua resiliência diminui ou se enfraquece. Os investigadores chamam a esse fenômeno *critical slowing down* (desaceleração crítica), identificado por índices matemáticos complexos, baseados em séries de dados temporais (autocorrelação, dissimetria, variância etc.), que revelam o estado de fragilidade do sistema e, consequentemente, seu iminente colapso.

In loco, após o desmoronamento de um sistema, os pesquisadores recuperam massas de dados (variáveis ambientais) que testemunham eventos passados e os analisam. Alguns até mesmo provocaram em laboratório colapsos de populações, experimentalmente, para testar indicadores. Assim, por exemplo, em 2010 dois pesquisadores, da Geórgia e da Carolina do Sul, expuseram populações de dáfnias (zooplâncton) cada vez mais degradadas (redução da disponibilidade de alimentos) e logo viram sinais de colapso das populações: uma desaceleração crítica da dinâmica das populações aparecia desde a oitava geração, antes do desmoronamento das populações[2]. Depois, resultados experimentais similares foram observados em populações de leveduras, de cianobactérias e sistemas aquáticos, sempre em condições controladas[3]. Em 2014, uma equipe de climatologistas britânicos pôde identificar sinais precursores que anteciparam o desmoronamento da corrente de circulação oceânica atlântica no correr do último milhão de anos, um acontecimento

2. Ver L. Dai et al., Slower Recovery in Space before Collapse of Connected Populations, *Nature*, v. 496, n. 7445, 2013.
3. Ver S. Carpenter et al., Early Warnings of Regime Shifts: A Whole-Ecosystem Experiment, *Science*, v. 332, n. 6033, 2011; L. Dai et al., Generic Indicators for Loss of Resilience Before a Tipping Point Leading to Population Collapse, *Science*, v. 336, n. 6085, 2012.

que, se ocorresse em nossos dias, modificaria profundamente nosso clima[4]. Mas os pesquisadores não podem dizer com precisão se tais sinais ainda são emitidos.

Novos indicadores vêm juntar-se regularmente à lista dos já existentes e aumentam o poder de predição para mudanças catastróficas. Para o clima, por exemplo, observou-se que, no final de um período de glaciação, as variações de temperatura "se descontrolam" e "cintilam" (*flickering*), antes de oscilar bruscamente para um período cálido[5]. Esse índice sutil e também funcional para ecossistemas lacustres[6], bastante confiável (anuncia realmente mudanças radicais), somente aparece quando já é tarde demais para evitar o fenômeno.

Não se poderia, é claro, perturbar artificialmente um grande ecossistema ou um sistema socioecológico com fins experimentais. Portanto, os pesquisadores se contentam, por agora, em observar mudanças catastróficas naturais e históricas, sem poder testar factualmente a previsão de seus indicadores.

Esse método pode, entretanto, servir para classificar sistemas conforme a distância que os separa de uma ruptura, ou seja, conforme seu grau de resiliência[7], o que se revela útil para uma decisão em particular para as políticas de conservação da biodiversidade.

Em 2012, a disciplina dos sinais precursores beneficiou importantes avanços feitos por especialistas de redes internacionais, que começam a delinear o comportamento de redes complexas e muito heterogêneas submetidas a perturbações[8]. Por exemplo, em uma campina florida, represente a imensa teia de relações entre espécies de polinizadores (abelhas, borboletas, insetos) e todas as espécies de plantas polinizadas, na qual algumas espécies são especialistas (polinizam uma só flor) e outras, generalistas (polinizam várias espécies). Essa rede

4. Ver C.A. Boulton et al., Early Warning Signals of Atlantic Meridional Overturning Circulation Collapse, *Nature Communications*, v. 5, n. 5752, 2014.
5. Ver T. Lenton et al., Tipping Elements in the Earth's Climate System, *Proceedings of the National Academy of Sciences*, v. 105, n. 6, 2008.
6. Ver R. Wang et al., Flickering Gives Early Warning Signals of a Critical Transition to a Eutrophic Lake State, *Nature*, v. 492, n. 7429, 2012.
7. Ver A.J. Veraart et al., op. cit.
8. Ver J. Bascompte; P. Jordano, Plant-Animal Mutualistic Networks: The Architecture of Biodiversity, *Annual Review of Ecology, Evolution and Systematics*, v. 28, 2007.

complexa de interações mútuas tem uma estrutura que a torna bastante resiliente a perturbações (por exemplo, ao desaparecimento de alguns polinizadores em decorrência de pesticidas). Por outro lado, as observações, as experiências e os modelos (matemáticos, computacionais) mostram que essas redes possuem limites ocultos além dos quais não se pode ir, sob pena de se fazer desmoronar bruscamente todo o complexo.

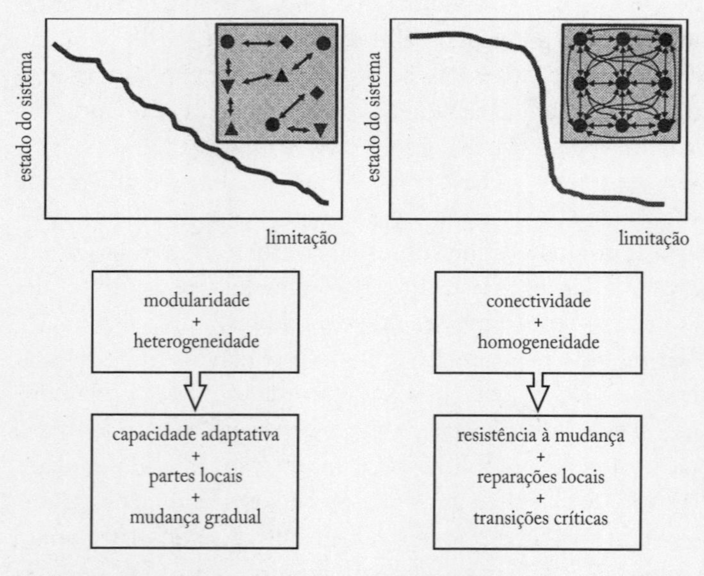

FIG. 8: RESPOSTAS-MODELO ÀS REDES COMPLEXAS DE PERTURBAÇÕES. (Fonte: apud M Scheffer et al.. Anticipating Critical Transitions, *Science*, v. 338, n. 6105, 2012, p. 344-348.)

De modo geral, mostrou-se que as redes complexas são muito sensíveis a dois fatores: à heterogeneidade e à conectividade entre os elementos que as constituem (ver figura 8)[9]. Uma rede heterogênea e modular (fracamente conectada, com partes independentes) encaixará os golpes, adaptando-se. Sofrerá perdas locais e se degradará progressivamente. De outro modo, uma rede homogênea e altamente conectada

9. Ver M. Scheffer et al., Anticipating Critical Transitions, *Science*, v. 338, n. 6105, 2012.

mostrará num primeiro momento resistência às mudanças, pois as perdas locais são absorvidas graças à conectividade entre os elementos. Mas em seguida, se as perturbações se prolongam, ela será submetida a efeitos em cascata e, portanto, a mudanças catastróficas. Na verdade, a aparente resiliência desses sistemas homogêneos e conectados é enganosa, pois esconde uma fragilidade crescente. Como um carvalho, esses sistemas são resistentes, mas se partem quando a pressão é grande. Ao invés disso, os sistemas heterogêneos são resilientes, eles se dobram, mas não quebram. Eles se adaptam como o junco.

Há de fato paralelos a serem estabelecidos entre esses sistemas naturais e os humanos, como vimos em "Imobilizados em um Veículo Cada Vez Mais Frágil"[10]. Essas descobertas são fundamentais para ajudar na concepção de sistemas sociais mais resilientes, em particular para as finanças e a economia. Mas, ainda que a teoria das redes traga ajuda na compreensão de redes socioeconômicas, restam numerosos obstáculos a vencer, antes de se encontrarem sinais precursores confiáveis. Os indicadores atuais não são suficientes para predizer os pontos de desequilíbrio dos sistemas sociais, em virtude de sua complexidade. As tentativas de desenvolvimento de sinais precursores fracassaram até o momento ou não encontraram consenso[11]. Por certo, sempre dispomos de indicadores pertinentes, retirados de fundamentos econômicos quando a situação é "normal"; mas caso nos aproximemos de limites, torna-se impossível avaliar seja lá o que for. Alguns procuraram sinais de uma desaceleração crítica pelos sistemas financeiros, mas não os encontraram. Em lugar disso, se depararam com outros índices que por agora não são generalizáveis[12]. Em resumo, para as crises financeiras, os estudos de sinais

10. Ver R. May et al., Complex Systems: Ecology for Bankers, *Nature*, v. 451, n. 7181, 2008.
11. Ver Institute of Chartered Accountants in Australia, *Early Warning Systems: Can More be Done to Avert Economic and Financial Crises?*, 2011.
12. Ver M. Gallegati, Early Warning Signals of Financial Stress: A Wavelet-Based Composite Indicators Approach, *Advances in Non-linear Economic Modeling*, Berliner-Heidelberg, Springer, 2014. R. Quax et al., Information Dissipation as an EarlyWarning Signal for the Lehman Brothers Collapse in Financial Time Series, *Scientific Reports*, v. 3, 30 maio 2013.

precursores permitem melhor compreender seu funcionamento, mas não torná-las mais previsíveis.

Sempre Haverá uma Incerteza

Os progressos das ciências, apesar de fantásticos, vão se deparar, invariavelmente, com limites epistemológicos[13]. Nessa corrida contra o tempo, sempre teremos um tempo de retardo[14], pois detectar um sinal precursor não garante que o sistema já não tenha oscilado para outro estado.

Para complicar mais as coisas, sinais precursores podem aparecer sem que sejam seguidos por um colapso; e inversamente desmoronamentos podem ocorrer sem emitir sinais antecessores. Pode ocorrer ainda que sistemas se desmoronem "vagarosamente", de modo não catastrófico[15]. Ou seja, temos de nos haver com uma verdadeira "biodiversidade" dos colapsos dos sistemas. O que converte os melhores sinais precursores *generalizáveis*, mas não *universais*: sua presença não é sinônimo de certeza, mas antes de forte probabilidade de colapso.

Enfim, e isso é particularmente verdadeiro para sistemas sociais e financeiros, é muito caro e difícil recolher dados de boa qualidade em tempo real, e é impossível identificar o conjunto dos fatores que contribui para a vulnerabilidade dos sistemas hipercomplexos. Portanto, parece que estamos condenados a agir somente *após* as catástrofes[16].

Para um sistema complexo como o da Terra (ver estudo publicado em 2012 na revista *Nature* e citado ao fim do capítulo 3), é impossível, ao menos por ora, que a presença de sinais precursores globais

13. Ver V. Dakos et al., Resilience Indicators: Prospects and Limitations for Early Warnings of Regime Shifts, *Philosophical Transactions of the Royal Society B: Biological Sciences*, v. 370, n. 1659, 2015.
14. Ver S.R. Carpenter et al., A New Approach for Rapid Detection of Nearby Thresholds in Ecosystem Time Series, *Oikos*, v. 123, n. 3, 2014.
15. Ver S. Kéfi et al., Early Warnings Signals Also Precede Non-Catastrophic Transitions, *Oikos*, v. 122, n. 5, 2013.
16. Ver Institute of Chartered Accountants in Australia, op. cit.

anuncie um colapso de "Gaia", e menos ainda datá-lo. Mas, graças a eles, adquirimos a capacidade de visualizar essa catástrofe, fazendo referência a eventos geológicos e climáticos passados e admitindo haver uma possibilidade de que isso ocorra.

Mas, atenção: a incerteza não significa que a ameaça seja mais fraca, ou que não haja preocupação a respeito. Ela constitui, ao contrário, o maior argumento em favor de uma política catastrófica esclarecida que Jean-Pierre Dupuy propõe: agir como se as mudanças abruptas sejam certas e, assim, tudo fazer para que não se realizem.

De fato, os instrumentos de previsão de limites para as oscilações drásticas são muito úteis para nos mostrar que já ultrapassamos fronteiras (conforme capítulo 3) e entramos em zonas vermelhas. Infelizmente, isso significa amiúde que já é tarde demais para retornar a um estado anterior, mais estável e conhecido. Elas permitem menos antecipar uma data precisa do que saber que gênero de futuro nos espera.

Em colapsologia, é preciso aceitar o fato de que não temos condições de prever tudo. É um princípio com dois gumes. Por um lado, não podemos jamais afirmar com segurança que um desmoronamento geral é iminente (antes de tê-lo vivido). Dito de outra forma, os céticos sempre poderão objetar a esse fundamento. Por outro lado, os cientistas não poderão garantir que já não tenhamos ultrapassado gravemente as fronteiras; isso quer dizer que não se pode assegurar à humanidade que o espaço no qual ela vive (seu ambiente) seja estável e seguro. Assim, os pessimistas terão o que remoer.

Então, o que fazer? Que nos lembremos do terremoto de 2009 em Aquila, na Itália. Os cientistas foram condenados pela justiça por não terem estimado claramente as probabilidades de um sismo potencial. A catástrofe chegou apesar dos instrumentos de medição. Que nos lembremos ainda do período que precedeu a crise bancária de 2008; alguns analistas mais perspicazes soaram o alarme, mas não foram escutados. Eles souberam captar, graças às suas intuições, certos sinais de uma crise iminente, como as bolhas especulativas no mercado imobiliário norte-americano ou o aumento súbito do preço do ouro, que age normalmente como valor de refúgio. Mas era-lhes impossível provar de maneira objetiva e racional o que prediziam. A catástrofe chegou sem instrumentos de medida, e apesar da intuição dos analistas. Assim, como saber? E em quem acreditar?

Os cálculos econômicos e as relações custos-benefícios não servem para quase nada. Pois, "desde que estamos longe dos limites, podemos nos permitir contrariar os ecossistemas impunimente". Não há custos e tudo é benefício. E como observa Dupuy, "se nos aproximamos de limites críticos, os cálculos custos-benefícios se tornam derrisórios. A única coisa que importa é não ultrapassá-los... E a isso se deve aduzir que nem sabemos onde se encontram os limites"[17]. Nossa ignorância não é uma questão de acúmulo de conhecimentos científicos, ela é consubstancial à natureza dos próprios sistemas complexos. Ou seja, em tempos de incerteza, o que conta é a intuição.

17. J.P. Dupuy, *Pour un catastrophisme éclairé*, Paris: Seuil, 2002, p. 132.

8.

O QUE DIZEM OS MODELOS?

Outra maneira de sondar o futuro é utilizar modelos matemáticos e informáticos. Eles não permitem predizer o futuro, mas fornecem indicações sobre o comportamento e a evolução de nossos sistemas e sociedades. Nós retivemos dois modelos, o Handy, desenvolvido para um estudo que causou grande interesse no início de 2014, por ter sido financiado pela Nasa e anunciado – segundo o propósito exagerado de jornalistas – "o fim próximo da civilização". Outro, ainda válido após quarenta anos de críticas e de confrontos com dados reais, é o modelo World3, tendo servido de base para o famoso "relatório Meadows" ou "relatório do Clube de Roma".

Um Modelo Original: Handy

Desenvolvido por uma equipe multidisciplinar composta de um matemático, um sociólogo e um ecólogo, o modelo Handy (*Human and Nature Dynamics*) simula as dinâmicas demográficas de uma civilização fictícia, submetida a coerções biofísicas[1]. Trata-se de uma experiência científica que visa melhor compreender os fenômenos de desmoronamentos observados no passado

1. Ver S. Motesharrei et al., Human and Nature Dynamics (Handy): Modeling Inequality and Use of Resources in the Collapse or Sustainability of Societies, *Ecological Economics*, v. 101, 2014.

e explorar as mudanças que permitiriam evitá-los no futuro. A originalidade do modelo reside no fato de que ele incorpora o parâmetro das desigualdades econômicas.

Handy está construído sobre a base de um sistema de equações concebidas nos anos 1920 pelos matemáticos Alfred Lotka e Vito Volterra, utilizadas frequentemente em ecologia para descrever as interações entre populações de presas e predadores. De maneira esquemática, quando as presas pululam, os predadores prosperam e fazem cair a população de presas, o que faz com que os predadores declinem. O ciclo recomeça, pois na ausência de muitos predadores, as presas voltam a pulular. Assim se obtém, a longo prazo, uma espécie de "batimento" ou alternância de crescimentos e declínios, duas senoides de população.

No modelo Handy, o predador é a população humana e a presa é o seu ambiente. Mas, diferentemente de peixes ou de lobos, os humanos têm a capacidade de escapar de um mundo malthusiano no qual os limites de recursos ditam o tamanho máximo da população. Graças à sua capacidade de formar grupos sociais organizados, criar e utilizar tecnologias e produzir e estocar bens excedentes, os humanos não sofrem de maneira sistemática o declínio da população quando advém um esgotamento de recursos naturais. Assim, dois parâmetros suplementares foram introduzidos nas equações para oferecer maior realismo ao modelo: a quantidade global de riquezas acumuladas e sua repartição entre uma pequena elite e a grande massa de *commoners* (cidadãos do povo).

Três grupos de cenários foram explorados. O primeiro (A) tomou por hipótese de partida uma sociedade igualitária em que não havia elites (= 0). O segundo (B) explorou uma sociedade equitativa na qual existia uma elite, mas em que as rendas do trabalho eram distribuídas equitativamente entre a elite não trabalhadora e a população trabalhadora. O terceiro (C), por fim, explorou as possibilidades de uma sociedade desigual em que as elites se apropriam de grande parte das riquezas, em detrimento da maioria.

Antes de lançar as simulações, os pesquisadores fizeram variar as taxas de consumo dos recursos de cada sociedade virtual, gerando assim quatro cenários, indo do mais sustentável ao mais brutal ou perdulário: 1. uma lenta aproximação das populações em direção a um equilíbrio entre população e ambiente; 2. uma aproximação perturbada, mostrando um movimento oscilatório antes do equilíbrio; 3. ciclos de crescimento e de declínio; 4. um forte crescimento, seguido de um colapso irreversível.

Numa sociedade igualitária, sem castas (A), quando a taxa de consumo não é exagerada, a sociedade alcança o equilíbrio (cenários 1 e 2). Quando as taxas aumentam, a sociedade passa por ciclos de crescimento e de declínio (3). Enfim, quando o consumo é sustentado, a população cresce antes de desmoronar irreversivelmente (4). Essa primeira série de resultados mostrou que, independentemente das desigualdades, as taxas de "predação" de uma sociedade sobre os recursos naturais são, por si só, um fator de colapso.

Juntemos agora o parâmetro das desigualdades. Numa sociedade "equitativa", quer dizer, com uma pequena parcela da população não trabalhadora, mas em que as riquezas são bem distribuídas (B), um cenário de equilíbrio só pode ser alcançado se o nível de consumo for débil e o nível de crescimento, lento. Quando o consumo e o crescimento se aceleram, a sociedade pode facilmente oscilar para os demais cenários (perturbações, ciclos de declínio ou desmoronamento).

Numa sociedade díspar, em que as elites se apropriam da maior parte das riquezas (C), o que parece corresponder mais de perto à realidade de nosso mundo, o modelo indica que o colapso é dificilmente evitável, qualquer que seja o nível de consumo. Há, no entanto, uma sutileza. Em uma taxa amena de consumo global, como se pode esperar, as elites crescem e se apossam de uma quantidade ainda maior de recursos, em detrimento da população comum. Esta, enfraquecida pela miséria, não se torna capaz de oferecer suficiente força de trabalho para conservar o funcionamento da sociedade, o que leva ao seu fim. Nesse caso, não é o esgotamento de recursos, mas o da maioria da população que causa o colapso de uma sociedade desigual, relativamente sóbria em consumo de recursos. Dito de outra maneira, a população desaparece mais rapidamente do que a natureza. Conforme os pesquisadores, o caso dos maias, em que a natureza se recuperou após a ruína das populações, se aparentava a esse tipo de dinâmica. Assim, ainda que uma sociedade seja globalmente "sustentável", o superconsumo de uma elite conduz irremediavelmente ao seu declínio.

No caso de uma sociedade desigual que consuma muitos recursos, o resultado é idêntico, embora a dinâmica seja inversa: a natureza se extenua mais rapidamente do que o povo, o que torna o desmoronamento rápido e irreversível. Teria sido o caso da Ilha da Páscoa ou o da Mesopotâmia, nos quais os ambientes permaneceram arruinados, mesmo após o desaparecimento das populações.

De maneira geral, o que mostra Handy é que uma forte estratificação social torna dificilmente evitável o desmoronamento da sociedade. A única maneira de evitar esse resultado seria reduzir as desigualdades econômicas e pôr em prática medidas que visem conservar a demografia abaixo de um nível crítico.

Handy é uma tentativa original de modelizar um comportamento complexo, servindo-se da ajuda de uma estrutura matemática relativamente simples. E até mesmo simplista, porque não se modela o mundo em quatro equações. Apesar disso, esse trabalho constitui um grande instrumento heurístico, até mesmo uma advertência que faríamos mal em varrer para debaixo do tapete.

Em seu livro *Como os Ricos Destroem o Planeta*[2], Hervé Kempf havia também mostrado as relações que entretêm as desigualdades e o consumo. Com efeito, o aumento

2. Ver H. Kempf, *Comment les riches détruisent la planète*, Paris: Seuil, 2009.

das disparidades econômicas provoca uma aceleração global do consumo por um fenômeno sociológico chamado consumo ostentatório, descrito primeiramente pelo sociólogo Thorstein Veblen: cada classe social tem a tendência de fazer tudo (em particular, consumir) para parecer-se com a classe imediatamente acima. Os pobres se esforçam por se assemelharem aos das classes médias, e estas querem revestir-se com os atributos dos ricos, os quais, por sua vez, tudo fazem para mostrar que se igualam aos super-ricos. Esse fenômeno seria tão poderoso nas sociedades ricas que o consumo se tornaria inseparável da identidade pessoal. Fixada nesse modelo de competição, a sociedade naufraga nesse redemoinho infernal de consumo e de esgotamento de recursos.

O modelo Handy é ainda mais pertinente porque nossa sociedade, considerada de modo global, mostra hoje em dia todos os sintomas de uma sociedade desigual e altamente consumidora de recursos naturais, como a descrita no modelo. Após os anos 1980, as desigualdades literalmente explodiram. E hoje temos a prova de que essas desigualdades econômicas são tóxicas para a nossa sociedade.

Segundo Joseph Stiglitz, elas desencorajam a inovação e erodem a confiança das populações, reforçando um sentimento de frustração para com os mundos político e institucionais. "A própria democracia se encontra em perigo. O sistema parece ter substituído o princípio 'uma pessoa, uma voz' pela regra 'um dólar, uma voz' [...] A abstenção progride, reforçando sobremaneira a influência dos mais ricos sobre o funcionamento dos poderes públicos."[3]

As desigualdades são tóxicas também para a saúde. Os sentimentos de angústia, de frustração, de cólera e de injustiça daqueles que veem esse horizonte de abundância lhes escapar têm um impacto considerável sobre a taxa de criminalidade, sobre a esperança de vida, as doenças psiquiátricas, a mortalidade infantil,

3. J. Stiglitz, *Le Prix de l'inégalité*, Paris: Les Liens qui Libèrent, 2012.

o consumo de álcool e drogas, as taxas de obesidade, os resultados escolares ou a violência nas sociedades. Essa constatação é notavelmente descrita, documentada e cifrada pelos epidemiologistas Richard Wilkinson e Kate Pickett em seu *best-seller O Nível: Por que uma Sociedade Mais Igualitária É Melhor Para Todos*[4]. Comparando os dados de 23 países industrializados (da ONU e do Banco Mundial), descobriram que numerosos índices de saúde se degradam não pela queda do PIB, mas quando o nível de desigualdades aumenta. Dito de outra maneira, não apenas a desigualdade econômica é tóxica para uma sociedade, mas a igualdade é boa para todos, inclusive para os ricos.

As desigualdades geram também instabilidades econômicas e políticas. As duas crises de ordem econômica mais importantes desde o século XX – a grande depressão de 1929 e o estouro das bolsas de 2008 – foram ambas precedidas por um forte aumento das desigualdades. Conforme o jornalista econômico e financeiro Stewart Lansley, a concentração de capital nas mãos de uma casta conduz não somente à deflação, mas igualmente a bolhas especulativas, ou seja, à redução da resiliência econômica e, portanto, a riscos ampliados de colapso financeiro[5]. A repetição de choques corrói a confiança e, sobretudo, o crescimento do PIB, o que faz aumentar a disparidade entre classes sociais. Pior ainda, as desigualdades econômicas são amplamente aumentadas pelos efeitos nefastos da mudança climática, que atingem mais duramente as populações e os países mais pobres[6]. Essa espiral negativa das desigualdades conduz apenas, e finalmente, à autodestruição.

Para o economista Thomas Piketty, é a própria estrutura do capitalismo, seu DNA, o que favorece o crescimento das desigualdades[7]. Em uma análise histórica baseada em arquivos fiscais disponíveis após o

4. Ver R. Wilkinson; K. Pickett, *Pourquoi l'égalité est meilleure pour tous*, Paris: Les Petits Matins/Institut Veblen, 2013.
5. Ver S. Lansley, *The Cost of Inequality: Three Decades of the Super-Rich and Economy*, London: Gibson Square, 2011.
6. Ver C.B. Field et al., Climate Change 2014: Impacts, Adaptation And Vulnerability, *Contribution of Working Group II to the Fifth Assessment Report of the IPCC*, 2014.
7. Ver T. Piketty, *Le Capital au XXIe siècle*, Paris: Seuil, 2013.

século XVIII, ele e sua equipe contradisseram a ideia fixa de que as rendas geradas pelo crescimento do PIB beneficiam o conjunto da população de um país. Na realidade, o patrimônio se concentra, *inexoravelmente*, em mãos de uma casta quando o rendimento do capital (r) é mais elevado do que o rendimento econômico (g). É algo simplesmente mecânico. A única maneira de evitar tal obstáculo é pôr em prática instituições nacionais e internacionais que redistribuam equitativamente as rendas. Mas, para que tais saltos democráticos emerjam, são necessárias condições extraordinárias. Ora, no curso do século passado, tais condições não puderam ser reunidas a não ser logo após as duas guerras mundiais e a Grande Depressão dos anos 1930. É preciso que o mundo financeiro esteja de joelhos, isto é, suficientemente enfraquecido, para que se possa impor-lhe um controle por outras instituições. E isso é ainda mais difícil porque essas instituições governamentais ou internacionais prosperaram graças a fortes períodos de crescimento (a reconstrução o exige), conjuntura com a qual não nos deparamos agora.

Considerados sob esse ângulo, os Trinta Anos Gloriosos (1945-1975) são como uma "aberração histórica"[8]. E o retorno às desigualdades, após os anos 1980, constituiria uma volta à normalidade! Nos Estados Unidos, por exemplo, o nível de desigualdades alcançou recentemente o de 1929[9].

O mais perturbador nisso tudo é observar o retorno inexorável das desigualdades, apesar dos efeitos corrosivos sobre a sociedade e malgrado as lições da história. Seria um destino inelutável? Estaríamos nós condenados a esperar uma nova guerra ou, em sua falta, um colapso da civilização? Por que as elites nada fazem, se é evidente que sofrerão igualmente em qualquer dessas catástrofes?

Para responder a essa questão, retornemos por um instante ao modelo Handy. É particularmente interessante notar que,

8. Ver E. Marshall, Tax Man's Gloomy Message: The Rich Will Get Richer, *Science*, v. 344, n. 6186, 2014.
9. Ver E. Saez; G. Zucman, Wealth Inequality in the United States Since 1913: Evidence from Capitalized Income Tax Data, Working Paper, *National Bureau of Economic Research*, 2014.

nos dois cenários de desmoronamento das sociedades desiguais, as elites, aparelhadas por sua riqueza, não sofrem *imediatamente* os primeiros efeitos do declínio. Elas se ressentem dos efeitos da catástrofe bem depois da maioria da população ou após as destruições irreversíveis do ecossistema, ou seja, bem mais tarde. Trata-se do "efeito tampão" da riqueza, que lhes permite continuar seus negócios normalmente, a despeito das catástrofes iminentes[10].

Além disso, enquanto alguns membros da sociedade soam o alarme para indicar que o sistema se dirige para um colapso iminente – e, portanto, preconizam mudanças estruturais –, as elites e seus partidários se mantêm cegos ou indiferentes pela longa trajetória aparentemente sustentável que precede a um desmoronamento, e a tomam como desculpa para nada fazer.

Esses dois mecanismos – o efeito tampão da riqueza e a desculpa pelo passado de abundância – somados às várias causas de bloqueios que impedem as transições sociotécnicas (conforme "A Direção Está Bloqueada?") explicariam por que os desmoronamentos observados na história foram permitidos pelas elites que pareceram não tomar consciência da trajetória catastrófica de suas sociedades. Conforme os criadores do modelo Handy, no caso do Império Romano e dos maias, isso é particularmente evidente.

Hoje, enquanto uma maioria de países pobres e uma maioria de habitantes de países ricos suportam níveis exuberantes de desigualdades e a ruína de suas condições de vida, gritos de alarme cada vez mais intensos se elevam regularmente no céu dos meios de comunicação. Mas aqueles a quem essa situação incomoda se insurgem contra o catastrofismo ou atacam os portadores de más notícias e ninguém realmente age. Ora, desde os anos 1970 e do famoso relatório do Clube de Roma até o último relatório do IPCC/GIEC, passando por documentos de síntese do WWF, da ONU ou da FAO, a mensagem é sensivelmente a mesma, variando em detalhes, e os verbos já não se conjugam no futuro, mas no presente.

10. Ver S. Motesharrei et al., op. cit., p. 100.

Um Modelo Robusto: World3

O World3 é um velho modelo com mais de quarenta anos. Ele foi descrito no *best-seller* de 12 milhões de exemplares vendidos no mundo, *Limites do Crescimento*, mais conhecido sob a alcunha de "Relatório do Clube de Roma"[11]. No entanto, sua mensagem foi muito mal-entendida no correr desse tempo, tanto por aqueles que pensam estar de acordo quanto por aqueles que se opõem a ele. Eis o que dizia: caso se parta do princípio de que tudo tem limites físicos em nosso mundo (hipótese de base), então um desmoronamento generalizado de nossa civilização termoindustrial ocorrerá, provavelmente durante a primeira metade do século XXI.

No final dos anos 1960, o Clube de Roma[12] pediu a pesquisadores do MIT (Massachusetts Institute of Technology) para estudar a evolução, a longo prazo, do "sistema-mundo". Entre eles, encontravam-se Jay Forrester, professor de dinâmica de sistemas, e seus alunos, Dennis e Donella Meadows. Estava-se então nos primórdios da informática, e eles decidiram conceber um modelo sistêmico (o World3) que descreveria as interações entre os principais parâmetros globais do mundo, dos quais os seis mais importantes seriam a população, a produção industrial, a produção de serviços, a produção alimentar, o nível de poluição e os recursos não renováveis. E em seguida, inseri-los num computador.

O objetivo era introduzir dados reais para simular o comportamento do sistema-mundo por 150 anos. O primeiro resultado, chamado de *standard run* (funcionamento padrão) e considerado como o cenário de *business as usual* (atividades habituais), pôs em evidência que o nosso sistema era extremamente instável e descrevia um desmoronamento generalizado ao longo do

11. Ver D. Meadows et al. [1973], *The Limits to Growth*, New York: Universe Books, 1972 (trad. bras., *Limites do Crescimento: Um Relatório Para o Projeto do Clube de Roma Sobre o Dilema da Humanidade*, São Paulo: Perspectiva, 1973).
12. Grupo de reflexão reunindo cientistas, economistas, funcionários nacionais e internacionais e empresários de 53 países. Fonte: *Wikipedia*.

século XXI (ver figura 9). Entre 2015 e 2025, a economia e a produção agrícola se desatrelavam e entravam em colapso totalmente antes do final do século, a um ritmo mais rápido do que o crescimento exponencial que se seguiu à Segunda Guerra Mundial. A partir de 2030, a população humana começava a decrescer "de maneira incontrolada" para alcançar aproximadamente a metade de seu máximo no final do século, ou seja, cerca de quatro bilhões de habitantes (dados aproximados em ordem de grandeza).

O QUE DIZEM OS MODELOS?

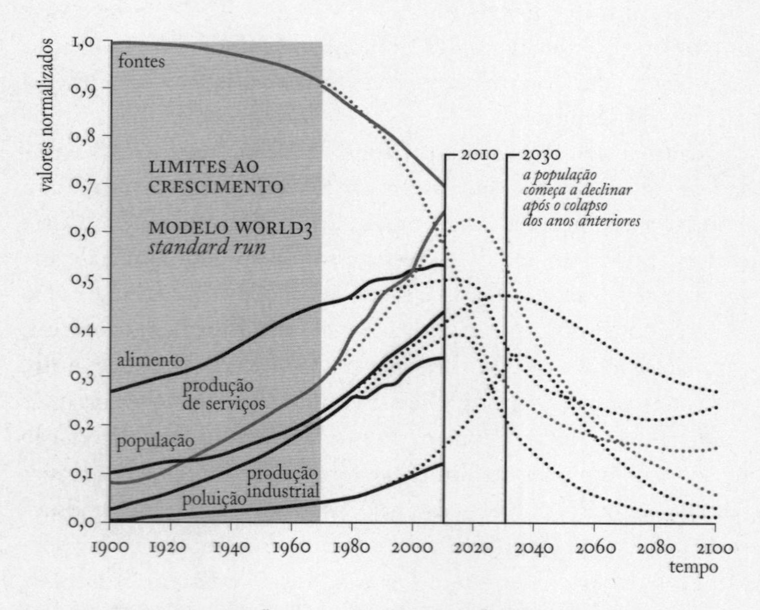

FIG. 9: MODELO MEADOWS "ATIVIDADES HABITUAIS" ORDENADO POR GRAHAM M. TURNER. Em linha contínua, dados reais; em pontilhado, o modelo. (Fonte: apud Graham M. Turner, On the Cusp of Global Collapse? Updated Comparision of "The Limits to Growth" with Historical Data, *GAIA-Ecological Perspectives for Science and Society*, v. 21, n. 2, 2012, p. 116-124.)

Surpresos com o resultado, os pesquisadores simularam "soluções", ou seja, cenários que a humanidade poderia aplicar para tornar o sistema estável. O que se passaria se tecnologias eficientes fossem desenvolvidas? E se fossem descobertos novos recursos? Se a população ou a produção industrial se estabilizasse? Se aumentássemos os rendimentos agrícolas ou a poluição fosse controlada? Os pesquisadores mudaram então os parâmetros do modelo e testaram em dois ou três cliques. *Enter*. *Enter*. *Enter*. Infelizmente, quase todos os cenários alternativos conduziram a colapsos, às vezes mais catastróficos do que o primeiro. A única maneira de tornar nosso mundo mais "estável", quer dizer, nossa civilização "sustentável", era tomar todas as medidas *simultaneamente*, e começar desde os anos 1980!

Durante os anos 1990, uma atualização mostrou que os limites (e as fronteiras, no sentido do "A Saída de Rota") existiam e que nossa civilização estava se aproximando (no que diz respeito aos limites) ou prestes a ultrapassá-las (fronteiras)[13].

Ainda mais categoricamente, a atualização de 2004 mostrava que nada havia sido feito, desde 1972, para evitar o cenário "atividades habituais"[14]. Ao contrário, desde 1963, a produção mundial dobrou a cada 24 anos! Em 2008, e depois em 2012, um cientista australiano, Graham Turner, decidiu comparar os dados reais dos últimos quarenta anos com os diferentes cenários para saber qual deles mais se aproximava da realidade[15]. Resultado? Nosso mundo dirigiu-se claramente para o cenário "atividades habituais", quer dizer, para o pior deles. E coube a Turner concluir: "Isto é, com toda evidência, uma campainha de alarme. Não estamos numa trajetória sustentável."

O modelo não só resistiu às numerosas e violentas críticas que lhe foram endereçadas desde o início, mas foi corroborado por quarenta anos de fatos. O principal resultado do relatório Meadows não foi nos predizer o futuro com precisão, pregar

13. Ver D.H. Meadows et al., *Beyond the Limits: Global Collapse or Sustainable Future*, London: Earthscan, 1992.
14. Ver D. Meadows et al., *Limits to Growth: The 30-Year Update*, Vermont: Chelsea Green, 2004 (trad. bras., *Limites do Crescimento: A Atualização de 30 Anos*, Rio de Janeiro: Qualitymark, 2007.).
15. Ver G.M. Turner, A Comparison of *The Limits of Growth* with 30 Years of Reality, *Global Environmental*, v. 18, n. 3; idem, On the Cusp of Global Collapse?, Updated Comparison of The Limits of Growth with Historical Data, *Gaia-Ecological Perspectives for Science and Society*, v. 21, n. 2, 2012.

o "crescimento zero" ou anunciar o fim do petróleo para o ano 2000 como puderam fazer seus detratores. Ele apenas nos avisa a respeito da extrema instabilidade de nosso sistema, pois é gerador de exponenciais. O modelo demonstra, notavelmente, a interconexão de todas as crises, assim como o poder de um pensamento sistêmico, dialético. Não podemos nos contentar em resolver um problema, por exemplo, o caso do petróleo, a regulação de nascimentos ou a poluição, pois só ele não mudaria em quase nada o resultado. É preciso tratá-los conjuntamente.

Após a versão de 2004, disse Donella Meadows que talvez houvesse uma pequena janela de oportunidade para não ser desperdiçada. O modelo indicava que seria necessário preencher três condições para chegar a manter a economia e a população em equilíbrio com a capacidade terrestre.

Condição 1. Se conseguíssemos estabilizar rapidamente a população (duas crianças em média, por família), então alcançaríamos 7,5 bilhões de habitantes em 2040 (ou quinhentos milhões a menos do que o previsto)[16], o que permitiria empurrar alguns anos o colapso global da economia e da população. Mas isso não seria suficiente. Não se pode deter o desmoronamento se apenas se estabiliza a população mundial. É necessária uma segunda alavanca.

Condição 2. Caso se estabilizasse a produção industrial em um volume 10% inferior ao ano 2000 e se redistribuíssem de maneira mais equitativa os bens produzidos, se protelaria ainda por alguns anos o desmoronamento global. Mas isso, por si só, não seria suficiente por causa dos níveis de poluição que continuariam a se acumular e a pôr em perigo as capacidades de regeneração dos ecossistemas. É preciso, assim, uma terceira alavanca.

Condição 3. Caso melhorasse a eficiência das tecnologias, quer dizer, diminuíssem os graus de poluição e de erosão do solo,

16. Essa perspectiva foi totalmente banida de um cenário sustentável, já que, em novembro de 2022, a população mundial chegou à cifra de 8 bilhões, em conformidade com dados da World Population Prospects da ONU, divulgados em novembro daquele ano. As projeções para 2040 já indicam algo em torno de 9 bilhões de habitantes. (N. da T.)

aumentando os rendimentos agrícolas, então o mundo poderia se estabilizar e permitir, a uma população inferior a oito bilhões de habitantes, viver com um bom nível de vida (próximo daquele que hoje conhecemos) em finais do século XXI. Esse cenário de equilíbrio só é previsto se tudo for feito rapidamente. Ora, esses resultados datam de 2004... É impossível adiantar uma data com precisão, mas o que é seguro é o fato de, a cada ano que passa, se reduzir a nossa margem de manobra.

A janela de possibilidade que tínhamos para evitar o colapso global está se fechando. Assim, em sua turnê europeia entre os anos 2012-2013, Dennis Meadows, mais pessimista do que nunca, repetia em suas entrevistas e num artigo que escreveu para o Instituto Momentum: "É muito tarde para o desenvolvimento durável; é preciso se preparar para os choques e construir com urgência pequenos sistemas resilientes."[17]

Então, o que murmura a sua intuição? Para 2020, 2030, 2100?

17. Em mais de uma entrevista a *Le Monde*, *Libération*, *Imagine* e *Terra Eco*; ver Il est trop tard pour le développement durable, em A. Sinaï (dir.), *Penser la décroissance: Politiques de l'Anthropocène*, Paris: Les Presses de Sciences Po, 2013.

COLAPSOLOGIA

Por ser a catástrofe um destino detestável, que não queremos, é que precisamos manter os olhos fixos
nela, sem jamais perdê-la de vista.

JEAN-PIERRE DUPUY[1]

9. UM MOSAICO A EXPLORAR

Nas duas primeiras partes deste livro, mostramos que um colapso iminente da civilização industrial é possível e que esse destino pode estar reservado até mesmo a toda a humanidade, assim como a uma parte da biosfera. Apresentar as bases materiais e os sinais que o antecedem não é, ainda assim, suficiente, pois isso nada diz sobre *com o que poderia se parecer* um desmoronamento. Como podemos oferecer um pouco de relevo a tal fenômeno, a fim de que não se transforme imediatamente, no imaginário pessoal, em roteiro cinematográfico, como o de *Mad Max*, *O Dia Depois de Amanhã* ou *Guerra Mundial z*?

Do Que Podemos Falar Com Precisão?

Justamente por ser pobre o vocabulário sobre o assunto é que a irrupção de uma palavra como "desmoronamento" ou "colapso" pode explodir diferentemente em nossas cabeças, sem dar espaço a sutilezas. À maneira dos inuítes, que disporiam de uma centena de palavras para designar "neve", seria preciso inventar uma série de palavras para delimitar a complexidade do processo civilizacional que nos aguarda.

1. J.-P. Dupuy, *Pour un catastrophisme éclairé*, Paris: Seuil, 2002, p. 84-85.

De um ponto de vista etimológico, a palavra "desmoronamento" significa desfazer o que foi feito ou construído, ou arruinar o que existe, como as margens de um rio ou as encostas de um morro (provavelmente do espanhol *desboronar*, esmigalhar o pão), e o vocábulo "colapso" indica o mesmo estado de desmoronamento, queda ou ruína, tanto quanto a falência ou redução súbita de energia de um órgão (do latim *collapsus*, particípio do verbo *collabor*), podendo ambas ser utilizadas para se referir ao desabamento, à queda ou à destruição de uma estrutura, de um império, da bolsa de valores, ou mesmo a um estado psicológico de grande abatimento[2].

Na comunidade de historiadores e arqueólogos, as palavras são usadas para descrever a queda ou a ruína (relativamente rápida) ou o declínio (relativamente lento) de reinos, impérios, Estados, sociedades e civilizações. A definição bem admitida que Jared Diamond dá descreve a ideia desses vocábulos pelos efeitos produzidos, ou seja, "a redução drástica da população humana e/ou da complexidade político-econômica ou social sobre uma zona extensa e por duração temporal importante"[3]. A definição de Yves Cochet, citada na introdução, talvez seja menos útil para arqueólogos, mas está mais adaptada ao nosso tempo: é o "processo ao fim do qual as necessidades de base (água, alimentos, habitação, vestuário, energia etc.) não são mais oferecidas a um custo razoável à maioria da população por serviços enquadrados na lei".

A expressão "colapso da sociedade industrial" tem uma acentuação grave, mais ainda no mundo francófono do que no mundo anglófono, pois ela veicula três clichês. O primeiro é o do possível fim das grandes instituições garantidoras da lei e da ordem social, o que, por ser uma construção moderna e liberal, implica necessariamente a volta à barbárie. O segundo é que esse desmoronamento seria seguido por um grande vácuo, difícil de imaginar, comprometidos que estamos com a imagem bíblica do apocalipse. O terceiro é que ela parece designar um momento

2. Este parágrafo substitui as explicações do original sobre a palavra *effondrement*, a respeito de duas de suas possíveis traduções em português. (N. da T.)
3. Ver J. Diamond [2005], *Effondrement: Comment les sociétés décident de leur disparition ou de leur survie*, Paris: Gallimard, 2009.

relativamente curto, um evento brutal, uma lâmina, que cairia sobre o conjunto da sociedade e que poderia ser facilmente postergado.

Ora, conforme certos trabalhos antropológicos, uma ausência de Estado não implica, necessariamente, um retorno à barbárie[4], às vezes bem ao contrário[5]. Aliás, os desmoronamentos não são seguidos pelo fim do mundo, como dão testemunho numerosos exemplos da história. Por fim, eles duram geralmente vários anos, decênios ou até mesmo séculos, no caso de civilizações inteiras, e são difíceis de datar com precisão. Assim é que, em seu ensaio prospectivo *O Colapso da Civilização Ocidental*[6], os historiadores das ciências Naomi Oreskes e Erik Conway descrevem o desmoronamento que nós nos preparamos para suportar com base no olhar dos historiadores vivendo no final do século XXI. Eles decidem dar como início do "período sombrio" o ano de 1988, data de criação do IPCC/GIEC. Afinal, o naufrágio do Titanic não começou assim que o alarme foi dado?

Tentamos utilizar o menos possível a palavra "crise", pois ela dá uma ideia de situação efêmera. Uma crise mantém a esperança de que um retorno à normalidade seja possível e, portanto, serve de espantalho às elites econômicas e políticas para sujeitar a população a medidas que jamais seriam toleradas em outras circunstâncias. Invocando a urgência, a crise alimenta, paradoxalmente, um imaginário de continuidade.

É interessante constatar que o vocabulário francófono só tem a palavra "problema" para designar uma situação muito difícil (os sinônimos são mais fracos). Todos sabem que quando se tem um problema, analisa-se a situação, procura-se uma *solução* (técnica, com frequência), e ela é aplicada, o que, normalmente, o faz desaparecer. Como em uma crise, o problema é restrito e reversível. Mas a língua inglesa possui um termo adicional, *predicament*, que melhor descreve a ideia de desmoronamento. Um *predicament* designa uma situação inextrincável,

4. Ver P. Clastres, *La Société contre l'état*, Paris: Minuit, 2011; J.C. Scott, *Zomia ou l'art de ne pas être gouverné*, Paris: Seuil, 2013.
5. Ver P. Kropotkine, *L'Entreaide: Un facteur de l'évolution*, Bruxelles: Aden, 2009.
6. Ver E.M. Conway; N. Orekes, *L'Effondrement de la civilisation occidentale*, Paris: Les Liens qui Libèrent, 2014.

irreversível e complexa, para a qual não há solução, mas apenas a adoção de medidas que se adaptem a ela. Assim é para doenças incuráveis que, na falta de "soluções", obrigam-nos a tomar caminhos, nem sempre fáceis, que nos permitam viver com o problema[7]. Face a um *predicament*, há coisas a realizar ou aplicar, mas não uma solução que faça retornar o estado anterior.

Não utilizamos o termo "decrescimento", pois ele designa menos uma realidade histórica do que um programa voluntarista (frugalidade e convivência) destinado, justamente, a evitar um colapso[8]. Mas esse "desejo" deixa entrever uma redução gradual, gerida e voluntária de nossos consumos materiais e energéticos, o que, veremos adiante, não é realista. Diferentemente do decrescimento, a noção de desmoronamento conserva a possibilidade de pensar um futuro que não seja totalmente controlável.

A convergência de catástrofes é descrita habitualmente com eufemismos otimistas, que acentuam o que sucederá com o mundo industrial moderno. Assim se dá com a "metamorfose" de Edgar Morin, a "mutação" de Albert Jacquard ou a "transição" de Rob Hopkins. Essas expressões são preciosas para levantar entusiasmo e abrir o imaginário para um futuro não necessariamente niilista ou apocalíptico, mas ventilam muito facilmente uma sensação de urgência e questões de sofrimento, de morte, de tensões sociais e conflitos geopolíticos. Nós as utilizaremos, no entanto, num quadro de "políticas de desmoronamento", ou seja, no caso em que a descrição fatual não seja suficiente, mas em que a esperança e um certo voluntarismo sejam necessários (ver "E o Humano em Tudo Isso?").

O Que nos Ensinam as Civilizações Passadas?

Todas as civilizações que nos precederam, por poderosas que tenham sido, passaram

7. Ver J.M. Greer, *The Long Descent: A User's Guide to the End of the Industrial Age*, Gabriola Island: New Society Publishers, 2008.
8. Ver S. Latouche, *Le Pari de la décroissance*, Paris: Fayard, 2006.

por declínios e colapsos. Algumas puderam recomeçar, outras não, e as razões pelas quais elas declinaram são asperamente debatidas após centenas de anos. O historiador e filósofo árabe do século XIV, Ibn Khaldun (1332-1406), tem a reputação de ter sido o primeiro a articular uma teoria coerente de períodos sucessivos de expansão e declínio das civilizações[9]. No século XVIII, Montesquieu (1689-1755) e o historiador britânico Edward Gibbon (1737-1794) interessaram-se pela grandeza e pela decadência do Império Romano[10]. No início do século XX, após as grandes descobertas arqueológicas dos séculos precedentes, Oswald Spengler (1880-1936) e Arnold Toynbee (1889-1975) experimentaram igualmente a construção de "histórias universais" das civilizações que, embora controversas nos meios acadêmicos, contribuíram muitíssimo para a popularização do tema[11]. Na França, a partir de 1929, a Escola dos Anais deu atenção especial aos elementos recorrentes e às constantes do passado com o auxílio de abordagens multifatoriais e de um método interdisciplinar. Autores de sucesso, como Jared Diamond, Joseph Tainter, Peter Turchin[12] e Bryan Ward-Perkins[13], testemunham atualmente a diversidade de pontos de vista, de hipóteses e de interpretações que o tema produz, mas a maioria concorda em dizer, por "prudência científica", que tais conhecimentos históricos e arqueológicos não podem servir para a dedução de seja lá o que for sobre o colapso de nossa civilização industrial. Nesta seção, tentaremos ser um pouco menos prudentes.

As causas de um desmoronamento estão agrupadas, habitualmente, em duas categorias: as causas endógenas, geradas pela própria sociedade, como instabilidades de ordem econômica, política ou social; e as causas exógenas, ligadas a eventos

9. Ver Ibn Khaldoun, *Al-Muqaddima* (Os Prolegômenos), versão francesa, Imprimerie Impériale, 1863.
10. Respectivamente, Montesquieu, *Considérations sur les causes de la grandeur des Romains et de leur décadence*; e. Gibbon, *Histoire de la décadence et de la chute de l'Empire romain*.
11. Respectivamente, O. Spengler, "Le Déclin de l'Occident", Galimard, 2000 (1948). A. Toynbee, "Les Grands mouvements de l'histoire à travers le temps, les civilisations, les religions", Elsevier, Sequoia, 1975.
12. Ver P. Turchin, *Historical Dynamics: Why States Rise and Fall*, Princeton: Princeton University Press, 2003; idem, *War and Peace and War: The Rise and Fall of Empires*, New York: Penguin, 2007; P. Turchin, S. Nefedov, *Secular Cycles*, Princeton: Princeton University Press, 2009.
13. Ver B. Ward-Perkins, *La Chute de Rome*, Paris: Alma, 2014.

catastróficos externos, como mudança climática, terremoto, invasão estrangeira etc.

Jared Diamond identificou cinco fatores de desmoronamento, recorrentes e frequentemente sinérgicos: as degradações ambientais ou o esgotamenteo de recursos, a mudança climática, as guerras, a perda repentina de parceiros comerciais e as reações ruins da população a problemas socioambientais. Para ele, as condições ecológicas seriam o fator principal que explicaria o colapso das grandes cidades maias no alvorecer do século IX, dos vikings no século XI e da ilha de Páscoa no século XVIII. Mas seria cometer um erro reduzir as causas ecológicas a simples fatores externos, já que ele explicita, e não é o único a fazê-lo, que o fator comum a todos os colapsos é o último, ou seja, o de ordem sociopolítica: as disfunções institucionais, a cegueira ideológica, os níveis de desigualdade (ver capítulo 8, O Que Dizem os Modelos) e, sobretudo, a incapacidade da sociedade (e particularmente das elites) de reagir de maneira apropriada a eventos potencialmente catastróficos. Ao final de seu livro, Jared Diamond se pergunta sobre as razões que forçam as "sociedades" a tomar decisões más ou errôneas. E explica que os grupos humanos enfrentam catástrofes por vários motivos: porque não conseguem antecipá-las, porque não percebem as causas, porque fracassam na tentativa de "resolução de problemas" ou, simplesmente, porque não há "soluções" adaptadas ao estado do conhecimento.

De fato, esse famoso quinto fator acentua a vulnerabilidade de uma sociedade (sua falta de resiliência) a ponto de torná-la muito sensível a perturbações que ela absorve habitualmente sem problemas. É o que levou recentemente o arqueólogo e geógrafo Karl W. Butzer a propor uma nova classificação, na qual se distinguem as "precondições" de um colapso (o que torna a sociedade vulnerável) dos "desencadeadores" (os choques que podem desestabilizá-la)[14]. As precondições são frequentemente endógenas (incompetência e/ou corrupção das elites, diminuição da produtividade agrícola, pobreza, mas ainda a diminuição de recursos naturais etc.), e elas reduzem a resiliência da sociedade, levando-a ao *declínio*; ao passo que os desencadeadores, mais rápidos e normalmente exógenos (eventos climáticos extremos, invasões, esgotamento de recursos, crises econômicas profundas etc.) provocam *desmoronamentos*, caso sejam precedidos por precondições "favoráveis". Dito de outra forma, o que denominamos uma catástrofe "natural" não é sempre estranha à ação predadora humana[15].

Joseph Tainter complementa essa ideia de disfunção política, acrescentando-lhe um fator termodinâmico, quer dizer, constatando que a complexidade crescente das instituições sociopolíticas se faz a um "custo metabólico" sempre mais elevado, com necessidades crescentes de matéria, energia e baixa entropia. De fato, as grandes civilizações se prendem a uma armadilha entrópica da qual é difícil escapar. Retomando as palavras do politólogo americano William Ophuls, "quando as quantidades disponíveis de recursos e de energia já não permitem manter níveis de complexidade, a civilização começa a se consumir, emprestando do futuro e se alimentando do passado, preparando assim o caminho para uma eventual implosão"[16]. Segue-se um longo período de "simplificação" da sociedade, como foi o caso da Europa após o desmoronamento do Império Romano, durante toda a Idade Média: menos especialização econômica e profissional, menor controle do poder central, menor fluxo de informações entre grupos e indivíduos, diminuição do comércio e da especialização entre os territórios.

Os historiadores Peter Turchin e Serguei Nefiódov generalizaram esse fenômeno, descrevendo (e modelizando) a história recente como uma sucessão de fases de

14. Ver K.W. Butzer, Collapse, environment, and Society, *PNAS*, v. 109, n. 10, 2012.
15. Ver V. Duvat; A. Magnan, *Des catástrofes… naturelles?*, Paris: Le Pommier, 2014.
16. Ver W. Ophuls, Immoderate Greatness: Why Civilizations Fail, *Create-Space Independent Publishing Platform*, 2012.

excedentes e de déficits econômicos (e energéticos), ou seja, de "ciclos" de desenvolvimento e de declínio estruturalmente similares. A Inglaterra medieval (o ciclo Plantageneta) e pré-moderna (ciclo Tudor-Stuart), a França medieval (o ciclo Capetíngio), a Roma antiga (o ciclo republicano), entre outras, atravessaram fases de expansão, de estagflação, de crises e de declínio[17].

Os estudos históricos e arqueológicos não cessam de ser refinados, como testemunha a recente síntese de Butzer, que propõe, graças a um novo quadro heurístico, aprofundar o estudo das interações entre fatores socioeconômicos e ecológicos, de preferência à identificação de um ou vários agentes responsáveis pelo colapso[18]. Desde então, que lições podemos tirar?

A Respeito da Atualidade?

Notemos, inicialmente, que o mundo apresenta sinais alarmantes para ao menos *três* dos *cinco* fatores identificados por Diamond: degradações ambientais, mudança climática e, sobretudo, disfunções sociopolíticas (bloqueio sociotécnico, cegueira das elites, nível crescente de desigualdades etc.). A civilização termoindustrial, que abrange uma parte do globo, apresenta, além do mais, signos característicos de um desmoronamento, conforme Tainter: uma complexidade crescente, muito energívora (capítulo 5), associada à chegada de uma fase de rendimentos decrescentes (capítulo 2).

Nossa situação, porém, difere das precedentes por três elementos, totalmente novos: em primeiro lugar, pelo caráter global de nossa civilização industrializada e pelas ameaças que pesam sobre ela (clima, degradações, falta de recursos renováveis, riscos sistêmicos; em seguida, dada a simultaneidade de várias "precondições" e de numerosos "desencadeadores" potenciais; por fim, pelas possíveis interações (e reforços mútuos) entre todos esses fatores[19]. Hoje, as ameaças são proporcionais à nossa

17. Ver P. Turchin; S. Nefedov, op. cit.
18. Ver K.W. Butzer, op. cit.
19. Ver D. Biggs et al., Are We Entering an Era of Concatenated Global Crises?, *Ecology and Society*, v. 16, n. 2, 2011.

potência, e a "altura" do desmoronamento poderia ser medida conforme nossa extraordinária capacidade de nos mantermos "acima do solo, desprendidos da terra".

Como Nos Afundamos?

A resposta é clara, mas não, certamente, de maneira homogênea, nem no espaço nem no tempo. Apresentamos aqui vários modelos para tentar apreender essas dinâmicas.

Os Diferentes Estágios de um Desmoronamento

O engenheiro russo-norte-americano Dmitry Orlov ficou célebre ao estudar o colapso da União Soviética e ao compará-lo com o iminente e inevitável, segundo ele, desmoronamento dos Estados Unidos[20]. Recentemente, propôs um novo quadro teórico, no qual os colapsos podem ser decompostos em cinco estágios[21], por ordem de gravidade crescente: financeiro, econômico, político, social e cultural. Em cada fase, o desmoronamento pode deter-se ou então aprofundar-se, passando ao estágio seguinte, numa espécie de espiral de desmoronamento. A União Soviética, por exemplo, chegou ao terceiro estágio (desmoronamento político), desembocando numa alteração profunda, mas não no desaparecimento da sociedade russa. Graças a essa escala de Orlov, dispomos de uma gradação para os desmoronamentos, que podem ser de natureza e de intensidade múltiplas, análogas à escala Richter para os tremores de terra.

Um *desmoronamento financeiro* se produz quando "a esperança por *business as usual* [os negócios de sempre] estiver perdida". O risco não poderá ser mais avaliado e os ativos financeiros não

20. Ver D. Orlov, Reinventing Collapse: The Soviet Experience and the American Prospects, *New Society Publishers* (NSP), 2008.
21. Ver D. Orlov, The Five Stages of Collapse: Survivors Toolkit, NSP, 2013.

poderão mais ser garantidos. As instituições financeiras se tornarão insolváveis. A poupança se aniquilará e o acesso ao capital já não existirá". Adeus cadernetas de poupança, créditos, investimentos, seguros e fundos de pensão! Como ocorreu com a Argentina em 2001, a confiança e o valor da moeda se dissipam rapidamente. Os bancos permanecem fechados até nova ordem e o governo põe em prática medidas de urgência (nacionalizações, flexibilização monetária, ajuda social etc.) para tentar evitar desordens ou motins. Nesse caso, sugere Orlov, vale mais a pena aprender a viver com pouco dinheiro.

Um *desmoronamento econômico* tem início quando "a esperança de que o 'mercado proverá' estiver perdida. As mercadorias se acumularão. As cadeias de abastecimento se romperão. A falta generalizada de bens essenciais virá a ser a norma do cotidiano". As quantidades e a diversidade das trocas comerciais e das informações diminuem drasticamente. A economia se torna progressivamente "simplificada". Tal como aconteceu em Cuba, nos anos 1990, as importações despencam e centros comerciais acabam por fechar em decorrência da falta de mercadorias. Não há mais abundância material, e a economia informal (incluindo-se o mercado paralelo) explode: crescem as trocas, o escambo, os consertos, a reciclagem, o comércio de bens usados etc. Para dominar o curso dos eventos, o governo tenta regular os mercados impondo um controle de preços ou políticas de racionamento. Nesse caso, é melhor suprir as necessidades básicas de sua família e da sua comunidade com seus próprios meios...

Um *desmoronamento político* se produz quando "a esperança de que o 'governo cuidará de você' desaparecer. As medidas econômicas do governo fracassaram. A classe política perdeu sua legitimidade e pertinência". Instalou-se um processo de "desestruturação". Invocando a manutenção da ordem, os governos decretam o toque de recolher ou a lei marcial. Como no caso da ex-União Soviética, a corrupção local acaba por substituir os serviços antes garantidos pela administração. Não se asseguram mais os serviços públicos, as vias públicas deixam de ser conservadas e o lixo mal é recolhido. Segundo Orlov, para os Estados Unidos e a maioria dos países ricos, essas três fases são inevitáveis a partir de agora.

Um *desmoronamento social* se produz quando "a esperança de que seus pares cuidarão de você acabar. As instituições sociais locais, sejam organizações não governamentais, sejam outros grupos, que poderiam preencher o vazio de poder e de serviços, não funcionem por falta de recursos ou por problemas internos". Entra-se então em um mundo de bandos clânicos, de guerra civil e de cada um por si. Nesse estágio[22], um processo de "despovoamento" pode ocorrer entre conflitos, deslocamentos, fome, epidemias etc. Melhor seja talvez fazer parte de uma dessas pequenas comunidades ainda coesas, nas quais a confiança e a ajuda mútua sejam valores preservados.

Um *desmoronamento cultural* se produz quando "a fé na bondade humana desaparece. As pessoas perdem a capacidade da gentileza, de generosidade, de afeição, de hospitalidade, de honestidade, de compaixão ou de caridade". Em tal contexto, torna-se cada vez mais difícil identificar-se com outrem e, ao perder-se a capacidade de empatia, deixa-se o que costumamos chamar de "nossa humanidade". Infelizmente, as ciências humanas pouco estudaram essas situações excepcionais.

Mais recentemente, Orlov propôs acrescentar um sexto e derradeiro estágio a seu modelo, o do desmoronamento ecológico[23], quando a possibilidade de reencetar uma sociedade em um ambiente degradado seria muito débil, para não dizer impossível (ver no final deste capítulo).

Através do Tempo

A observação dos sistemas socioecológicos (interações entre sistemas naturais e

22. Muito próximo dessa fase, ou seja, em total calamidade socioeconômica e política, estão o Líbano e o Haiti, ambos desde 2019, ao menos até o presente momento desta tradução. (N. da T.)
23. Ver D. Orlov, The Sixth Stage of Collapse, *cluborlov.globspot*, 22 out. 2013.

humanos) mostra que nada do que é vivo é estável ou se encontra em perfeito equilíbrio. Os sistemas complexos se encontram, antes, submetidos a dinâmicas cíclicas. Conforme a teoria dos ciclos adaptativos (e da panarquia) desenvolvida pelos ecólogos C.S. Holling e L.H. Gunderson desde os anos 1970, como estudo de resiliência ecológica[24], todos os sistemas atravessam ciclos de quatro fases: uma de crescimento (r), na qual o sistema adquire matéria e energia; uma de conservação (K), em que o sistema se torna progressivamente interconectado e rígido, e assim vulnerável; uma fase de desmoronamento ou de "relaxamento" (Ω); em seguida, uma fase rápida de reorganização (α), conduzindo a outro estágio de crescimento, em condições bem diferentes com mais frequência. O sistema socioeconômico industrial, se o considerarmos passível de análise por esse modelo, teria esgotado sua fase de crescimento (ver "A Aceleração do Veículo"), encontrar-se-ia em um estágio de conservação, caracterizando-se por uma crescente vulnerabilidade (ver "A Extinção do Motor" e "A Saída de Rota"), produzida por uma forte interconectividade ("Imobilizados em um Veículo Cada Vez Mais Frágil") e aumento de rigidez (ver "A Direção Está Bloqueada?").

Para além e afastado de modelos cíclicos, alguns se dedicaram a estudar a dinâmica própria à fase de desmoronamento, no intuito de responder à questão: quanto tempo isso pode durar? Para o físico e analista David Korowicz, esse estágio pode conter, teoricamente, três trajetórias distintas: um declínio linear, um declínio oscilante ou um desmoronamento sistêmico[25].

No modelo do *declínio linear*, os fenômenos econômicos respondem proporcionalmente às suas causas. Trata-se aí de uma hipótese irrealista na qual, por exemplo, a estreita relação entre o consumo de petróleo e o PIB permaneceria a mesma após o pico do petróleo. A economia se poria então a decrescer progressivamente e de maneira

24. Ver L.H. Gunderson; C.S. Holling, Ver *Panarchy: Understanding Transformations in Human and Natural Systems*, Washington: Island Press, 2002.

25. Ver D. Korowicz, Tipping Point: Near Term Systemic Implications of a Peak in Global Oil Production, FEASTA *and The Risk/Resilience Network*, 2010.

controlada, dando possibilidade e, sobretudo, tempo para construir-se uma passagem em direção a energias renováveis, modificando em profundidade nossos comportamentos. Esse é o mais otimista dos cenários para os críticos do crescimento e os adeptos da transição (ver "E o Humano em Tudo Isso?").

Conforme o modelo do *declínio oscilante*, o nível de atividade econômica se alterna entre picos de retomada e de recessão, mas com uma tendência geral ao declínio. Encontra-se uma dinâmica desse tipo no caso em que o preço do petróleo sobe e puxa a economia para a recessão, o que faz baixar o preço do barril, permitindo assim relançar uma aparência de crescimento até que o preço do barril volte a subir. Cada recessão degrada um pouco mais as capacidades de recuperação do sistema, que perde progressivamente sua resiliência. As dívidas se acumulam e as possibilidades de investir em combustíveis fósseis e fontes renováveis se reduz como pele de onagro[26]. Esse modelo, que se junta, por sua lentidão, ao do desmoronamento "catabólico", proposto pelo escritor John Michael Greer, é bem mais realista do que o anterior, e deixa margem suficiente para a adaptação das sociedades[27]. É hoje a nossa melhor esperança e *só depende de medidas que estamos tomando e devemos tomar*.

Baseado no estudo bem mais preciso de dinâmicas de sistemas complexos e de redes, o modelo de *desmoronamento sistêmico* empresta à nossa civilização o comportamento de um sistema altamente complexo, como descrevemos em "A Saída de Rota" e "Imobilizados em um Veículo Cada Vez Mais Frágil"[28]. Mas a ultrapassagem de pontos de desequilíbrio invisíveis, à qual se acrescenta uma sucessão de pequenas perturbações, pode provocar mudanças consideráveis, cuja amplitude é impossível antecipar. As relações de causalidade não são lineares, pois o sistema está mesclado de numerosos anéis de retroação. As consequências desse tipo

26. Referência ao romance de Honoré de Balzac, cujo protagonista, Rafael de Valentin, ganha uma pele desse tipo de asno capaz de satisfazer seus desejos em troca da redução de seu tempo de vida. (N. da T.)
27. Ver J.M. Greer, op. cit.
28. Ver também o terceiro modelo de Yves Cochet, Les Trois modèles du monde, em Agnes Sinaï, op. cit.

de dinâmica é que nela se torna difícil, intelectual e materialmente, visualizar uma contração progressiva e controlada do sistema econômico global, mantendo o nível de vida necessário para controlá-lo. Dito de outra forma, o modelo prediz a superação de limites despercebidos num primeiro instante, mas com efeitos posteriores combinados não lineares e brutais, em lugar de oscilações serenas ou de decréscimos tranquilos e controlados pelo sistema econômico atual.

Através do Espaço

O coração de nossa civilização industrial está constituído por sociedades altamente técnicas e complexas, nas quais a classe de lavradores ou camponeses e pequenos agricultores reduziu-se a um mínimo da porcentagem da população, perdendo saberes e sociabilidades tradicionais. É o caso de todos os países industrializados, à exceção de algumas regiões que o "progresso" teria abandonado. Assim, certas partes "recônditas" da Europa do leste e do sul ou da América Latina, por exemplo, que ainda conservam uma classe camponesa, se encontram no que se chama semiperiferia, na qual a influência do sistema-mundo ainda não é total[29]. Depois, ainda restam algumas zonas mais ou menos poupadas, na periferia do mundo "moderno" e "em vias de desenvolvimento", que conservam em boa parte seus sistemas comunitários e tradicionais. Elas "mantiveram maneiras de agir coletivamente em grau elevado"[30] por três razões: permaneceram pequenas, se conservaram afastadas das considerações dos Estados do "centro" e são criativas para manter seus valores "fundamentais". A queda de uma civilização ou de um império caracteriza-se, inicialmente, pela perda de controle na periferia, pois isso reduz os recursos disponíveis para o coração do império, o que precipita a queda.

29. Sobre a noção de sistema mundo, ver I. Wallerstein, *Comprendre le monde: Introduction à l'analyse des systèmes--monde*, Paris: La Découverte, 2006.
30. Ver G.D. Kuecker; T.D. Hall, Resilience and Community in the Age of World-System Collapse, *Nature and Culture*, v. 6, 2011.

Essa descrição concêntrica do mundo aparece como algo útil caso se considere, como já vimos, que o "coração" do mundo industrial é que sofrerá as consequências mais graves de um desmoronamento. Por exemplo, as comunidades que praticam a agroecologia em Zâmbia ou no Malawi foram fracamente afetadas pela crise de 2008, pois não estavam conectadas ao sistema industrial mundial[31]. Não houve motins causados pela fome. Quanto aos países europeus, eles têm menos autonomia no que diz respeito à alimentação. No Reino Unido, por exemplo, calcula-se que as terras aráveis só produzam 50% das necessidades de alimentação de seus habitantes[32].

A possibilidade de sobrevir um desmoronamento inverte a ordem do mundo. As regiões periféricas e semiperiféricas do sistema-mundo são as mais resilientes não apenas porque os choques econômicos e energéticos que sofrerão serão mais fracos (mas não os choques climáticos!), mas sobretudo porque constituem um espaço de autonomia indispensável de alternativas do sistema, um espaço dinâmico de mudança social. Esses "núcleos de retomada" de uma civilização serão as regiões que hoje consideramos as menos "avançadas"?

Até o Pescoço?

Poderemos Religar o Sistema Após uma Pequena Pane?

Quem já não imaginou parar tudo, cancelar as dívidas e recomeçar? Para o sistema financeiro, é uma possibilidade saudável visualizar tal solução. Mas, para o sistema econômico, suas infraestruturas industriais e linhas de produção, isso se revelaria bem mais problemático por uma simples razão: "os sistemas se enferrujam e se degradam"[33]. Não é tão fácil retomar. Durante

31. Ver O. De Schutter et al., Agroécologie et droit à l'alimentation, *Conseil des droits de l'homme de l'*ONU, 2011.
32. Ver DEFRA, UK *Food Security Assessment: Detailed Analysis*, 2010.
33. Ver D. Korowicz, On the Cusp of Collapse: Complexity, Energy and the Globalised Economy, In: Richard Douthwaite; Gillian Fallon (eds.), *Fleeing Vesuvius*, Gabriola Island: NSP, 2010.

a crise econômica de 2008, por exemplo, a Alemanha passou por uma forte diminuição de sua atividade de transporte. Trens e locomotivas pararam temporariamente, e, um ano mais tarde, no momento de recolocá-los em funcionamento, numerosos elementos haviam sofrido alterações, necessitando de consertos importantes e dispendiosos[34].

Nossas sociedades são resilientes, a ponto de poder suportar rupturas súbitas e relativamente curtas (em energia, alimentação, transporte). Mas as rupturas mais longas (de muitos dias ou semanas) tornam-se irreversíveis a partir do momento em que a decomposição entrópica das infraestruturas de produção ganha importância. Como numa crise cardíaca, cada minuto conta e nos afasta de uma "volta à normalidade".

Esse efeito de *reboot* (reinicialização) é ainda mais importante porque uma situação de emergência obriga os atores a concentrar seus esforços sobre as necessidades mais imediatas, sacrificando seus investimentos para o futuro. Além disso, uma série de situações de emergência reduz progressivamente a capacidade adaptativa (resiliência) das instituições e das pessoas, o que as torna cada vez menos aptas a organizar novas retomadas. Estando mais pobres ou vulneráveis, as populações não podem mais, por exemplo, contar com "redes de segurança", como apólices de seguro para absorver os custos das catástrofes, ou com uma economia mundializada para suprir a produção alimentar. Quanto mais crises houver, menos se contará com perspectivas de retomar facilmente a "maquinaria".

Mais dramáticas ainda, as panes de eletricidade muito longas, com rupturas de abastecimento de petróleo, poderiam atrapalhar os procedimentos de interrupção de reatores nucleares. Pois é preciso lembrar que há necessidade de semanas e até de meses de trabalho, de energia e de manutenção para resfriar e desligar os reatores.

34. Ver Rusting Brakes: Germany Faces Freight Train Shortage as Growth Picks Up, *Spiegel Online*, 5 abr. 2010.

Poderemos Recomeçar uma Civilização Após Seu Desmoronamento?

O sistema hipercomplexo que é nossa civilização permitiu acumular uma gigantesca quantidade de conhecimentos, o que foi possível graças ao dispêndio de enorme quantidade de energia (como já mencionado), mas também pelo estabelecimento em rede de um número significativo de pessoas. Com efeito, de há muito os antropólogos constataram que a complexidade de uma cultura era proporcional à dimensão do grupo humano ao qual ela pertencia. Segundo a teoria, que se viu apoiada por uma recente experiência realizada por pesquisadores da Universidade de Montpellier[35], quanto maior são os grupos, menos os conhecimentos se perdem acidentalmente e mais as inovações são abundantes. Isto é, as grandes sociedades conferem vantagens evolutivas em termos de adaptação às condições do meio. Mas tal vantagem implica uma contrapartida: a impossibilidade de voltar atrás. "Quanto mais dependemos de grandes áreas de conhecimentos, mais temos necessidade de viver em grandes grupos."[36] Como constatam os pesquisadores, a redução do tamanho do grupo pode acarretar grandes perdas de competências e, assim, acelerar um declínio já iniciado ou disparar um processo de desmoronamento. Logo, a possibilidade de que nossa civilização industrial sofra uma "desglobalização" e uma "redução de complexidade" traz em si outra eventualidade: a impossibilidade de conservar toda a cultura, no seio da qual se encontram saberes apropriados à sobrevivência da maioria.

Se não for possível transmitir às gerações futuras todo o nosso saber, então nos deparamos com um problema mais grave, que é o risco nuclear. Como fazer para que elas gerenciem esse setor energético? Já nos dias de hoje ele se encontra em uma situação dramática de renovação dos saberes. Na França, por exemplo, o presidente da

35. Ver M. Derex et al., Experimental Evidence for the Influence of Group Size on Cultural Complexity, *Nature*, v. 503, n. 7476, 2013.
36. Ibidem, p. 391.

EDF declarou, em 2011, que até 2017 a maioria dos agentes que trabalham na área se aposentarão. Como formar a metade dos técnicos de uma frota de 56 reatores em apenas seis anos? Muitos engenheiros nucleares jovens não entram para o setor ou o deixam em pouco tempo[37]. O mais engraçado é que pesquisadores americanos se deram conta de que a melhor maneira para transmitir saberes de longos períodos era a tradição oral, isto é, a transmissão de mitos pela palavra falada (e não por escrito ou, pior ainda, por dados eletrônicos). Assim, os especialistas nucleares foram buscar conselhos com especialistas nessas tradições: os raros indígenas norte-americanos ainda vivos, cujos povos foram expulsos justamente para a exploração do urânio[38].

Sem o saber técnico já acumulado, como farão as gerações futuras para tratar a toxicidade dos rejeitos que nossa geração já produziu? Eis uma questão crucial que não se aventa *senão no melhor dos casos*, aquele em que os cerca de 230 reatores atualmente em funcionamento poderão ser desligados com sucesso. Pois não apenas as instabilidades geopolíticas e o aquecimento climático ameaçam gravemente o funcionamento normal dos reatores (conflitos armados, escassez de água, inundações etc.)[39], mas, em caso de desmoronamento financeiro, econômico ou político, quem poderá garantir a manutenção, em seus postos de trabalho, de técnicos e engenheiros encarregados apenas do resfriamento e do desligamento dos reatores?[40]

Sem dúvida, a vida não desaparece após um acidente nuclear, como testemunha o retorno da vida selvagem à região circunvizinha da usina de Tchernóbil e, em particular, da cidade fantasma de Prípiat. Mas de que vida se trata? Daquela que permitirá aos nossos descendentes reconstruir uma civilização?

37. Ver Le Déclin du nucléaire, *Silence*, n. 410, 2013. Entrevista de Mycle Schneider.
38. Ibidem.
39. Ver R. Heinberg; J. Mander, Searching for a Miracle: Net Energy Limits and the Fate of Industrial Society, *Post-Carbon Institute*, 2009.
40. Ver P. Servigne, Le Nucléaire pour l'après-pétrole?, *Barricade*, 2014. Disponível em: <http://www.barricade.be/sites/default/files/publications/pdf/2014_-_pablo_servigne_-_transition_et_nucleaire_1.pdf>. Acesso em: 18 ago. 2023.

10.

E O HUMANO EM TUDO ISSO?

No fundo, a verdadeira questão que o colapso da civilização industrial nos propõe, para além de uma data precisa, de sua duração ou velocidade, é saber se nós vamos sofrer ou morrer de maneira antecipada. Projetada em escala social, eis aí a questão da perenidade de nossa descendência e mesmo de nossa "cultura". Tudo isso pode ser evitado mais cedo do que o previsto?

O desmoronamento e mesmo o seu estudo são oportunidades de observar o ser humano sob outro ângulo. Entraremos, portanto, nos arcanos da matéria por várias portas: pela demografia, pela psicologia, pela sociologia e pela política, que são outros ramos de uma colapsologia ainda balbuciante.

Quantos Seremos no Final do Século XXI?

Não se poderia discutir o desmoronamento sem abordar a questão demográfica. O problema é que não se pode discutir serenamente demografia. É um assunto tabu e raros são os que ousam abordar a questão publicamente[1] sem receio de chegar imediatamente a um ponto Godwin – o momento a partir do qual toda discussão

1. Ver M. Sourrouille (coord.), *Moins nombreux, plus heureux: L'urgence écologique de repenser la démographie*, Paris: Sang de la Terre, 2014.

se torna impossível porque uma das pessoas trata a outra de nazista. Em demografia, esse limite é de outra natureza, mas sempre o mesmo: "Você quer fazer como na China, é isso?"

Em um debate sobre o futuro do mundo, podem-se abordar todos os assuntos e discutir todos os números a respeito de energia, do clima ou da agricultura e da economia, mas jamais se põe em causa as cifras oficiais da ONU sobre a população: nove bilhões em 2050, e entre dez e doze bilhões em 2100[2]. Que se faça uma experiência: lance um debate sobre o futuro da agricultura, não importando com quem, e toda discussão *começará* por esta cifra – nove bilhões em 2050.

Ora, é preciso lembrar? Esses números são uma previsão matemática, saída de um modelo teórico. Este está seriamente desconectado das realidades do sistema-Terra, pois se baseia apenas em projeções de taxas de natalidade, de mortalidade e de imigrações atuais, sem levar em conta fatores como recursos, energia, ambiente ou poluição. Portanto, é um modelo "desprendido do solo", que assim se resume: nossa população deverá alcançar nove bilhões em 2050, *caso tudo permaneça como está*. O problema é que nem tudo permanece igual, como detalhamos na primeira parte do livro. Logo, é possível que sejamos menos do que o previsto para 2050 ou 2100. Mas então, quantos seremos?

Para a equipe Meadows (ver "O Que Dizem os Modelos?"), que desenvolveu no MIT um modelo bem mais ancorado ao sistema-Terra, a instabilidade de nossa civilização industrial conduz a um declínio "irreversível e incontrolável" da população humana a partir de 2030. Sem dúvida, não é uma previsão, pois, malgrado sua robustez, o modelo não leva em conta os "cisnes negros", quer dizer, os acasos positivos (invenções geniais ou esforços humanistas) e negativos (guerra total, asteroides gigantes, graves acidentes nucleares etc.). Então, em que acreditar?

2. Como já mencionado anteriormente, a população do planeta chegou a oito bilhões em 2022, cifra superior a prognósticos passados. E as projeções para 2040 já indicam algo em torno de nove bilhões de habitantes. P. Gerland et al., World Population Stabilization Unlikely this Century, *Science*, v. 346, n. 6206, 2014.

Cornucopianos ou Malthusianos?

Na realidade, a importância desses dois modelos não é tanto a de nos dar boas previsões, mas a de ilustrar-nos sobre duas maneiras de ver o mundo: a visão cornucopiana e a visão malthusiana. A cornucopiana é aquela que revive o mito da cornucópia e da abundância, e segundo a qual o futuro é um progresso ilimitado no qual o ser humano continuará a dominar seu ambiente, graças aos poderes das técnicas e de sua inventividade. Para os malthusianos, ao contrário, essa potência e inventividade têm limites (e fronteiras, portanto), e chegamos a um momento em que se torna difícil, ou mesmo impossível, continuar a trajetória de crescimento contínuo (consumo, demografia, impactos sobre a natureza) de que nos valemos desde o início da era moderna.

Esses dois imaginários não são incompatíveis nem excludentes. Apenas se sucedem. Os animais vivem num mundo malthusiano, em que os limites populacionais e de consumo estão fixados pelas capacidades do meio. Já os humanos alternam entre fases cornucopianas e malthusianas, encadeiam, desde sempre, ciclos de civilizações – nascimento, crescimento, estagnação, declínio, extinção ou renascimento. A fase de crescimento é, com toda evidência, cornucopiana, pois o ambiente ainda está relativamente intacto. Depois, a cada "impulso demográfico", o torno dos limites comprime a população, o que estimula a inovação técnica e permite empurrar, artificialmente, os primeiros limites físicos[3]. Mas chega um momento em que a civilização se choca com vários limites e fronteiras (o clima, os recursos, a complexidade da estrutura, a política) e por isso oscila e despenca no mundo malthusiano. Como resultado, o efetivo da população tende a decrescer, já que a sociedade não é mais capaz de manter as condições de sua própria sobrevivência.

Logo, toda a questão é saber se e quando os países industrializados vão despencar novamente nesse

3. Ver E. Boserup, *L'Évolution agraire et pression démographique*, Paris: Flammarion, 1970.

mundo malthusiano para se encontrar no mesmo cortejo dos países que sofrem com guerras, doenças e misérias. A curva da taxa global de mortalidade voltará a subir, curiosamente seguida por alguns anos pela curva da natalidade, mas em menor medida. De fato, o paradoxo é que, no mundo malthusiano, os humanos procriam muito, enquanto, num mundo de abundância, as taxas de natalidade caem (a famosa "transição demográfica"). Mas esse ganho de natalidade que se seguirá a um desmoronamento, essa "pulsão de vida", não compensará a explosão da taxa de mortalidade. Ao contrário, ela contribuirá para acelerar o esgotamento dos recursos. Essa seria a lógica da demografia de um colapso.

Essas tendências de curvas se encontram descritas no relatório Meadows, mas elas mereceriam trabalhos mais finos e rigorosos. À espera, os prognósticos de alguns colapsólogos, baseados simplesmente na intuição ou em cálculos mais grosseiros, vão muito bem. Encontram-se números que vão de alguns milhões a um ou dois bilhões a mais de habitantes na Terra em 2100. Pois, se nós considerarmos o afluxo de energia fóssil que permitiu a explosão demográfica do século passado, é muito perturbador, por exemplo, imaginar um mundo privado de fertilizantes nitrogenados industriais, já que são fabricados a partir de gás natural[4]. Para Vaclav Smil, pesquisador especializado nas relações entre energia, população e ambiente, sem os fertilizantes que permitiram a agricultura industrial, a um custo energético elevado, duas pessoas em cinco não estariam hoje vivas[5]. Na Bélgica, por exemplo, quarto país mais denso no mundo, com nove habitantes por hectare de terra arável, pode-se perguntar como essa população se alimentaria se o sistema alimentar industrial entrasse em colapso, antes que houvesse, na prática, sistemas agroecológicos produtivos e resilientes[6].

4. Ver H. Stockael, *La Faim du monde*, Paris: Max Milo, 2012.
5. Ver V. Smil, *Enriching the Earth: Haber, Carl Bosch, and the Transformation of World Food Production*, Massachusetts: MIT Press, 2004; N. Gruber; J.N. Galloway, An Earth-System Perspective of the Global Nitrogen Cycle, *Nature*, n. 451, 2008.
6. Ver P. Rasmont; S. Vray, Les Crises allimentaires en Belgique au XXIème siècle, *Les Cahiers Nouveaux*, n. 85, 2013.

Sermos Ricos ou Numerosos?

As pessoas alérgicas ao debate sobre o decréscimo da natalidade argumentam que é preciso, primeiramente, diminuir a marca ou "pegada" ecológica (o consumo) por habitante dos países mais ricos e, sobretudo, redistribuir as riquezas antes de se discutir demografia. O argumento é admissível na medida em que o impacto de uma população sobre o meio depende de três fatores: população (P), nível de vida (A) e nível técnico (T), ou I = P X A X T[7]. Mas contar apenas com a redução dos dois termos derradeiros (redução do nível de consumo e melhoria da eficácia técnica) está longe de ser suficiente para infletir seriamente a trajetória exponencial. Não apenas jamais chegamos a isso (em parte pelo *efeito ressalto*[8], em parte pelo consumo ostentatório), mas todos esses esforços permanecerão vãos se o primeiro termo continuar a crescer.

A questão dos limites e da superação de fronteiras tornou-se bastante embaraçosa, pois, esperando que hipotéticas medidas políticas reduzam as desigualdades em nosso mundo, ela significa, em termos demográficos, uma escolha: preferimos ser menos numerosos globalmente e consumir mais, ou ser mais numerosos e consumir menos? Até o momento, as raras tentativas voluntárias de redução populacional e do consumo não alcançaram bons resultados, e não vemos surgir debates sérios a propósito. Mas, se não podemos hoje decidir coletivamente quem e quantos vão nascer, poderemos em alguns anos decidir quem, quantos e como vão morrer?

7. Ver G.C. Daily; P. Ehrlich, Population, Sustainability, and Earth's Carrying Capacity, *Bioscience*, 1992.
8. Conhecido outrora como "paradoxo de Jevons", ou seja, a introdução de uma tecnologia mais eficaz na utilização de um recurso aumenta o seu consumo, ao invés de diminuí-lo.

Vamos nos Entrematar? (Sociologia do Desmoronamento)

Um Futuro *à la* "Walking Dead"

Os deslocamentos massivos de populações e os conflitos para se ter acesso aos recursos já começaram. A guerra de Darfour foi um dos primeiros casos (ou o mais conhecido) da guerra do clima[9]. Segundo Harald Welzer, psicólogo social e especialista nas relações entre a evolução das sociedades e a violência, esses conflitos tendem a se ampliar, pois quaisquer que sejam as causas, os humanos, em decorrência de construções fictícias de identidade, sempre encontram uma justificativa para se entrematar. Ainda que as primeiras causas sejam a falta de recursos, a fome, os deslocamentos, as doenças ou eventos climáticos extremos, os conflitos armados podem tomar as aparências de guerras religiosas ou por convicções.

Welzer mostra como uma sociedade pode, lenta e imperceptivelmente, empurrar os limites do tolerável, a ponto de desconsiderar valores pacíficos e humanistas e afundar naquilo que teria sido considerado antes inaceitável. As pessoas se habituarão (e já se habituam) a eventos climáticos extremos, a episódios de fome ou a deslocamentos populacionais. Os habitantes de países ricos também se habituarão muito provavelmente a políticas cada vez mais agressivas face a imigrantes ou face a outros Estados, mas se compadecerão cada vez menos com o que sentem as populações tocadas pelas catástrofes. É esse distanciamento que servirá de húmus a conflitos futuros.

Conforme o último relatório do IPCC/GIEC, a mudança climática "aumentará os riscos de conflitos violentos, que tomarão a forma de guerras civis e de violências intergrupais"[10]. Em 2013, um estudo publicado

9. Ver H. Welzer, *Les Guerres du climat: Pourquoi on tue au XXIème siècle*, Paris: Gallimard, 2009.
10. Ver IPCC, Summary for Policymakers, *Climate Change 2014: Impacts, Adaptation, and Vulnerability. Part A: Global and Sectoral Aspects. Contribution of Working Group II to the Fifth Assessment Report of the Intergovernmental Panel on Climate Change*, Cambridge/New York: Cambridge University Press.

na revista *Science* confirmou essa tendência, ao mostrar, graças a dados históricos que remontam a mais de dez mil anos, abrangendo 45 conflitos, que uma elevação da temperatura média e uma mudança no regime de precipitação estavam sistematicamente correlacionados a um aumento de violências interpessoais e de conflitos armados[11].

Sem dúvida, o clima não será a causa única de conflitos futuros, e essa simples correlação não deve esconder o fato de que a complexidade sociopolítica e cultural das relações entre as sociedades e os indivíduos também atua nesse gênero de dinâmicas[12]. Entretanto, mesmo que os cientistas ainda não se encontrem em condições de medir de forma precisa a correlação clima-violência (será possível fazê-la), eles não têm dúvida de que as catástrofes ambientais (energia, água, poluição, clima) serão uma fonte evidente de conflitos armados e de instabilidades sociais, particularmente em países ditos emergentes[13].

A convergência de "crises" perturba também seriamente governos, Forças Armadas e instituições de segurança interna. Como esclarece o especialista em segurança internacional Nafeez Mosaddeq Ahmed, o Pentágono, por exemplo, espera que as catástrofes provoquem agitações generalizadas contra governos e instituições nos próximos anos[14]. Os governos antecipam, portanto, um mundo de tensões e de incertezas, preparando-se para um aumento na afluência de conflitos armados, de revoltas e de atentados, vigiando suas populações e até mesmo os movimentos pacifistas, como demonstraram as revelações de Edward Snowden sobre os programas de vigilância mundial da NSA. Ora, com frequência, é essa escalada de violência *presumida* que pode gerar uma violência real.

11. Ver S.M. Hsiang; M. Burke; E. Miguel, Quantifying the Influence of Climate on Human Conflict, *Science*, v. 341, n. 6151, 2013.
12. Ver J. O'Loughlin et al., Modeling and Data Choices Sway Conclusions about Climate Conflict Links, *PNAS*, n. 111, 2014.
13. Ver J. Scheffran; A. Battaglini, Climate and Conflicts: The Security Risks of Global Warming, *Regional Environment Change*, v. 11, n. 1, 2011.
14. Ver N.M. Ahmed, Pentagon preparing for mass civil breakdown, *The Guardian*, 12 jun. 2014; idem, Pentagon Bracing for Public Dissent Over Climate and Energy Shocks, *The Guardian*, 14 jun. 2013.

A Ajuda Mútua em Tempo de Catástrofe

O que nos causa medo na ideia de uma grande catástrofe é o desaparecimento da ordem social na qual vivemos. Pois uma crença bastante difundida é que, sem essa ordem, que prevalece antes do desastre, tudo vai rapidamente degenerar em caos, pânico, egoísmos e guerra de todos contra todos. Ora, por surpreendente que pareça, isso quase nunca acontece. Após uma catástrofe, quer dizer, "um evento que suspende as atividades normais e ameaça ou causa danos a uma comunidade"[15], a maioria dos humanos mostra um comportamento extraordinariamente altruísta, calmo, ponderado (excluem-se dessa definição as situações em que não há efeito-surpresa e são causadas diretamente pelos homens, como campos de concentração e guerras). "Décadas de pesquisas sociológicas meticulosas sobre o comportamento humano perante desastres, bombardeios durante a Segunda Guerra Mundial, inundações, vendavais, terremotos e tempestades, tanto no continente quanto no exterior, o demonstraram."[16] Em tais situações, alguns até mesmo correm riscos insensatos para ajudar pessoas próximas, vizinhos e, inclusive, desconhecidos. A imagem de um ser humano egoísta e em pânico em tempos de catástrofe não é corroborada por fatos.

Retornemos às imagens do furacão que devastou Nova Orleans em 2005, nos EUA: vistas aéreas de centenas de tetos residenciais imersos em uma vasta extensão de água turva, de resgatados, a maioria negra, agitando os braços sobre os telhados, barcos de socorro transportando sobreviventes e militares armados provendo buscas e serviços de urgência. E nos lembremos dos comentários da imprensa: roubos, pilhagens, violações e mortes... O caos.

Alguns anos mais tarde, podemos afirmar com certeza, nosso imaginário nos enganou. As imagens de inundações e de

15. D.P. Aldrich, *Building Resilience: Social Capital in Post-Disaster Recovery*, Chicago: University of Chicago Press, 2012, p. 3.
16. R. Solmit, *A Paradise Built in Hell: The Extraordinary Communities That Arise in Disaster*, New York: Penguin, 2012, p. 2.

militares eram bem reais, *mas a lembrança da catástrofe ou, mais precisamente, da violência policial resultante da catástrofe* não corresponde à realidade. Corresponde, sim, a um discurso fabricado que os meios de comunicação espalharam sem verificação prévia. Os crimes anunciados jamais ocorreram! E isso foi ainda mais grave porque a mentira condicionou o envio de policiais e de militares estressados... que *realmente* agrediram a população aflita e causaram cenas de violência com as quais a imprensa se alimentou para justificar o mito da violência em tempos de calamidade.

Entre as fontes de mal-entendidos estavam o prefeito da cidade, Ray Nagin, e o chefe da polícia local, Edward Compass, os quais, logo após o drama, fizeram circular rumores de crimes, de roubos e mesmo de violações de crianças. Só mais tarde os jornalistas descobririam que tais rumores não tinham fundamento, o que levou o chefe da polícia a pedir demissão, após declarar, publicamente: "Não temos informações oficiais sobre qualquer morte, roubo ou agressão sexual."[17]

Quando nos debruçamos sobre testemunhos de resgatados seja de atentados, o 11 de Setembro, os atentados a bomba em Londres, descarrilhamentos de trens, seja de desastres de aviões, explosões de gás e furacões, todos eles convergem para o fato de que a maioria esmagadora dos sobreviventes permaneceu calma, se ajudou mutuamente e se organizou. Na verdade, os indivíduos estão, antes de tudo, em busca de segurança e, portanto, pouco inclinados à violência e pouco suscetíveis de causar danos aos semelhantes. Em suma, os comportamentos agressivos ou de competição são postos de lado num impulso geral em que todos os "eus" se tornam um "nós", sob uma força quase irresistível. Como se condições extraordinárias fizessem desencadear comportamentos igualmente extraordinários[18].

As comunidades humanas carregam consigo formidáveis capacidades de "autocura". Invisíveis em tempos normais, esses

17. Apud J. Lecomte, *La Bonté humaine: Altruisme, empathie, générosité*, Paris: Odile Jacob, 2012, p. 24.
18. Ver L. Clarke, Panic: Myth or Reality?, *Contexts*, v. 1, n. 3, 2002.

mecanismos de coesão social bastante poderosos permitem a uma comunidade renascer após um choque, ao recriar estruturas sociais que favorecem a sobrevivência em um novo ambiente. O verdadeiro problema é que os planos de emergência atuais concentram sempre seus esforços na preservação de estruturas físicas (prédios, instituições etc.). Ora, os cientistas começam a compreender que "as redes econômicas e sociais são mais resilientes do que imóveis. Os prédios são derrubados, mas os recursos humanos permanecem"[19]. Preparar-se para uma catástrofe significa, primeiramente, tecer laços ao redor de si.

Nessa fase de pesquisas em "sociologia das catástrofes", a questão crucial é a de saber se se pode comparar uma catástrofe única, definida, com um conjunto de choques intensos e repetidos, numa grande escala, tal como se anunciam. A "resiliência das comunidades" funcionará da mesma maneira em um colapso? Nada é menos certo. Sabemos bem que em tempos de guerra (sobretudo civil) a ordem social se decompõe tão rapidamente que as ações mais bárbaras podem nascer em meio à população até então considerada "normal". Todavia, e isso é uma conquista, sabemos que no epicentro de uma catástrofe definida "não anunciada" os humanos têm essa capacidade insuspeita, o que, em si, já é considerável.

De um lado, a ajuda mútua e o altruísmo, de outro, a competição e a agressão, são as duas faces de uma mesma moeda, a natureza humana. Suas proporções, relativas num indivíduo ou numa sociedade, dependem de uma infinidade de fatores. Como se fosse uma receita secreta e multissecular, os ingredientes da ajuda mútua, essa frágil alquimia, permanecem sutis e complexos. Hoje em dia, as ciências do comportamento revelam que a cooperação nos grupos humanos pode se converter, muito rapidamente, em competição, mas que o contrário também é verdadeiro[20].

19. Ver R. Olshansky, San Francisco, Kobe, New Orleans: Lessons for Rebuilding, *Social Policy*, v. 36, n. 2, 2006.
20. Ver, por exemplo, D. Helbing; W. Yu, The Outbreak of Cooperation Among Success-Driven Individuals under Noisy Conditions, *PNAS*, v. 106, n. 10, 2009.

Além disso, vários estudos e observações contradizem o mito fundador de nossas sociedades liberais que consiste em acreditar que o estado de natureza (selvagem) é o da lei do mais forte e o da guerra de todos contra todos[21]. Esse campo de pesquisa é um dos mais apaixonantes, e dos mais urgentes, da colapsologia.

Ninguém pode afirmar de que fibra o tecido social do desmoronamento será composto, mas é certo que a ajuda mútua exercerá um papel considerável, para não dizer primordial. De fato, parece evidente que o individualismo é um luxo que só uma sociedade riquíssima em energia pode se dar. Por que a ajuda mútua se nós dispomos de "meio milhar de escravos energéticos"?[22] Para dizer de outra forma, em tempos de penúria energética, pode-se apostar que os individualistas serão os primeiros a morrer. Os grupos capazes de mostrar um comportamento cooperativo terão mais chances de sobreviver, como foi o caso durante milhares de anos que nos separam de nossos ancestrais comuns com os demais primatas[23]. Paradoxalmente, entraremos logo mais na era da ajuda mútua.

Da Necessidade de Ver Filmes e de Ler Romances

Mas não se deve ser ingênuo, pois as coisas serão bem mais complexas do que se imagina. Pensar sobre o colapso é um exercício permanente de renunciar a uma visão homogênea das coisas.

Em situações de crises repetidas, ninguém terá a mesma visão dos acontecimentos e, assim, não reagirá a eles da mesma maneira. A representação inicial de um acontecimento (mesmo marcante e objetivo) geralmente difere conforme os indivíduos, tanto quanto, no mesmo momento, os atores podem não falar da mesma coisa. Pior ainda: se houver várias ocorrências, como é o caso de reações em cadeia (colapso da bolsa de valores que degenera em crise

21. Ver J. Lecomte, op. cit.
22. Ver J.M. Jancovici, Combien suis-je un esclavagiste?, *Manicore*, 2013. Disponível em: <www.manicore.com/documentation/esclaves.html>. Acesso em: 19 ago. 2023.
23. Ver S. Bowles; H. Gintis, *A Cooperative Species: Human Reciprocity and its Evolution*, Princeton: Princeton University Press, 2011.

alimentar ou energética etc.), os atores correm o risco de não tratar dos mesmos "problemas". O certo é que, em casos de catástrofes em sequência, os objetivos das pessoas serão diferentes: enquanto algumas terão como obsessão retornar à ordem anterior, outras se concentrarão na perenidade das instituições, e outras tantas aproveitarão para mudar a ordem social. Tudo isso sem contar que será difícil obter informações confiáveis sobre o desenrolar da situação em tempo real.

Com efeito, tudo se passará no terreno do imaginário e das representações de mundo. Por exemplo, é provável que alguns leitores não acreditem no que se afirmou na seção precedente a respeito da ajuda mútua em tempos de catástrofe, pois estão convencidos de que o ser humano é, fundamentalmente, egoísta e violento caso não esteja enquadrado em leis. Outros, talvez, acreditem que, em caso de catástrofe, as pessoas se comportem de maneira irracional, gritando, se chocando e correndo para todos os lados[24]. Esse imaginário da multidão irracional não está baseado em fatos, mas na indústria cinematográfica de Hollywood, e tanto penetra em nosso inconsciente que o temos por definido.

As iniciativas de transição compreenderam muito bem que a batalha (e o esforço a ser feito) situa-se no terreno do imaginário e na arte de contar histórias. De fato, cada cultura e cada geração contam sua própria história. As narrações veiculam os eventos históricos, as legendas e os mitos que nos auxiliam a compreender como nosso mundo está disposto e como ele poderia ser deliberadamente ajustado ou transformado. As narrações fazem nascer identidades coletivas, formando assim comunidades de destinos[25].

Hoje, as narrativas culturais dominantes falam de tecnologia, da engenhosidade humana sem limites, da competição e da lei do mais forte como princípio único de vida, ou ainda da implacável marcha do

24. Fenômeno muito presente em filmes de catástrofes, desastres aéreos e ataques de zumbis. Para os mais corajosos, ler L. Clarke, op. cit.
25. Ver B.E. Goldstein et al., Narrating Resilience: Transforming Urban Systems Through Collaborative Storytelling, *Urban Studies*, 2013. Special Issue: Governing for Urban Resilience.

progresso. Mas é um elo autopoético que se automantém: nos tornamos sobrevivencialistas, porque acreditamos no mito da barbárie; mas, ao se preparar para o pior, cria-se o medo nas demais pessoas, o que favorece um clima de tensão, de suspeição e de violência, que, em seguida, justifica o mito. Todo o desafio da transição seria, portanto, o de agir sobre os relatos e os mitos para inverter as espirais de violência, de niilismo, de pessimismo. E se, observando as catástrofes de frente, chegássemos a contar belas histórias?

Nós temos necessidade de novos relatos transformativos para entrar num período de incertezas, de histórias que contariam o sucesso de uma geração em se libertar das energias fósseis graças, por exemplo, à ajuda mútua, à cooperação. Trabalhar o imaginário é isto: encontrar narrações que nos permitam não entrar em discordância cognitiva e negação da realidade. "Decolonizemos o imaginário!", para retomar a expressão do economista Serge Latouche. Escrever, contar, imaginar, fazer ressoar... e haverá bastante trabalho para os artistas nos próximos anos.

As iniciativas de transição e seus *transition tales* (contos de transição) constituem um bom exemplo[26]. Por meio de filmes, canções, artigos de jornais, documentários televisivos sobre o futuro, histórias em quadrinhos e desenhos animados, os que fazem a transição inventam seu próprio devir[27], aquele em que gostariam de viver daqui a vinte ou trinta anos. Imaginando um futuro melhor (sem petróleo, mas em clima instável), as iniciativas de transição liberam as pessoas desse sentimento de impotência, tão tóxico e disseminado na população. "Esse trabalho sobre o imaginário coletivo auxilia no reforço à resiliência local, pois modifica a cultura popular insensivelmente para um porvir pós-petróleo e pós-crescimento, necessariamente mais sóbrio."[28] Tais relatos ainda permitem

26. Os "contos de transição" são atividades criadas para sensibilizar crianças para o duplo desafio do pico do petróleo e da mudança climática, imaginando soluções baseadas em histórias positivas.
27. No original, *transitionneurs* – algo como "transicionários". (N. da T.)
28. L. Semal, Politiques locales de décroissance, em A. Sinaï (dir.), *Penser la décroissance: Politiques de l'Anthropocène*, Paris: Les Presses de Sciences Po, 2013, p. 157.

aos não iniciados (sobre clima, sobre energia etc.) participar da elaboração de um futuro comum, de uma prospectiva na qual serão também atores.

O mais importante, para não dizer urgente, seria reconstruir um tecido social sólido e vivaz, com o intuito de instaurar um clima de confiança, quer dizer, um "capital social" que possa servir ao enfrentamento da catástrofe. Desde agora, é preciso sair de si e criar "práticas" coletivas[29], ou seja, atitudes pelas quais se viva em comum ou em parceria, o que nossa sociedade, materialista e individualista, desfez metodicamente no curso dos últimos decênios. Estamos convencidos de que essas competências sociais nos são as únicas garantias em tempos de colapso.

Por Que a Maioria das Pessoas Não Crê Nele?

(Psicologia do Desmoronamento)

The Big One é o terremoto que devastará a Califórnia. Sabe-se que ele virá, mas a maioria dos californianos o esquecem na vida cotidiana. Imagine agora, leitor, que você é californiano e que aparelhos de detecção indiquem que o *Big One* ocorrerá, seguramente, em 2030. Como você reagiria? Isso mudaria sua vida?

Quando lhes dizem a verdade, a maior parte das pessoas tem a tendência a ser pessimista e resignada, ou simplesmente a ignorar a notícia. E muitos fatores podem explicar esse comportamento.

As Barreiras Cognitivas: Não Ver

As pesquisas nesse domínio são abundantes! A metade do livro *Réquiem Para a Espécie*[30], do filósofo Clive Hamilton, trata

29. Ler a respeito os artigos de P. Servigne, Au-délà du vote démocratique; Les nouveaux modes de gouvernance; e Outils de facilitation et techniques d'intelligence collective, publicados por *Barricade*, em 2011. Disponível em: <www.barricade.be>. Acesso em: 19 ago 2023.
30. Ver C. Hamilton, *Requiem pour l'espèce humaine*, Paris: Les Presses de Sciences Po, 2013.

desta questão: por que não conseguimos reagir à ameaça que representa o aquecimento climático?

Uma primeira série de razões é de ordem cognitiva. Não estamos equipados para perceber os perigos que representam as ameaças sistêmicas nem as de longo prazo. Ao contrário, nosso cérebro se comporta muito bem ao tratar de problemas mais imediatos. No transcurso dos últimos milênios, as pressões de seleção no ambiente favoreceram a sensibilidade para perigos concretos e visíveis[31], e, por esse fato, respondemos aos riscos escutando nossas emoções instintivas, em vez de nossa razão ou intuição. Daniel Gilbert, professor de psicologia em Harvard, resume isso com um gracejo: "Inúmeros ecologistas dizem que a mudança climática é muito rápida. Na verdade, é muito lenta. Ela não chega com rapidez suficiente para chamar nossa atenção."[32] Seguramente, um relatório do IPCC/GIEC provoca menos secreção de adrenalina do que a vista de um animal selvagem que se aproxima rosnando: "Isso explica por que sentimos medo em contextos que sabemos (hoje em dia) inofensivos, quando vemos, por exemplo, uma tarântula numa caixa ou subimos ao ponto mais alto de um arranha-céu, ao passo que não provamos medo algum em presença de objetos realmente perigosos, como armas de fogo e veículos."[33]

Além do mais, existe o efeito do hábito, que abordamos anteriormente. Ele está ilustrado pela história da rã que salta imediatamente se jogada em água quente, mas que permanece quieta se posta em água fria, mas aquecida progressivamente. Já nos habituamos ao preço do barril de petróleo que ultrapassa cem dólares, enquanto nos anos 1980 e 1990 não superava os vinte. Na mesma ordem de ideias, um pescador profissional inglês consegue, com todas as tecnologias atuais em seu barco, apenas 6% do que seus ancestrais desembarcavam 120 anos atrás, após terem permanecido o mesmo tempo no mar[34].

31. Ver C. Dilworth, *Too Smart for Our Own Good: The Ecological Predicament of Humankind*, Cambridge: Cambridge University Press, 2010.
32. G. Harman, Your Brain on Climate Change: Why the Threat Produces Apathy, not Action, *The Guardian*, 10 Nov. 2014.
33. C. Hamilton, op. cit., p. 139.
34. C. Roberts, *Ocean of Life*, New York: Penguin, 2013, p. 41.

Os mitos também nos impedem de ver a realidade das catástrofes. A obsessão pelo crescimento econômico nas sociedades modernas é extremamente poderosa. Como diz Dennis Meadows, um dos autores do Relatório de Roma, de 1972, "se vocês acreditam que o mercado é comandado pela 'mão invisível', se vocês pensam que a tecnologia tem a capacidade mágica de resolver os problemas de penúria física, ou se vocês imaginam que uma presença divina descerá à terra para nos salvar de todas as nossas loucuras, vocês permanecem totalmente indiferentes à questão dos limites físicos"[35].

De fato, tendo em vista que esses mitos fundaram nossa identidade e nossa visão de mundo, que estão enraizados em nosso espírito, eles não podem simplesmente ser postos em causa a cada nova informação que surge. É até mesmo o contrário que se passa: o espírito tende a fazer entrar uma nova informação no quadro do mito que o sustenta.

A Negação: Não Crer

O mais fascinante e, ao mesmo tempo, o mais estranho no que se refere a catástrofes é que não é raro saber o que se passa e o risco que se corre, mas, ainda assim, não acreditar. Na realidade, ninguém pode hoje em dia alegar que haja falta de dados científicos sobre constatações alarmantes ou que os meios de comunicação não lhes façam menção. Percebe-se claramente que, para a maioria das pessoas, tais informações não são críveis. "Temos as catástrofes como impossíveis, mesmo quando os dados de que dispomos nos fazem tê-las como verossímeis e até mesmo como certas... Não é a incerteza, científica ou não, que se põe como obstáculo, mas a impossibilidade de acreditar que o pior vá acontecer."[36] Ou melhor, a acumulação de dados científicos é necessária, porém, não é suficiente para tratar plenamente o problema de um colapso.

35. D. Meadows, Il est trop tard pour le développement durable, op. cit., p. 199.
36. J.P. Dupuy, *Pour un catastrophisme éclairé: Quand l'impossible est certain*, Paris: Seuil, 2002, p. 142.

Observa Dennis Meadows que, no correr dos últimos quarenta anos "continuamos a mudar as razões para não mudar nosso comportamento"[37]. Como argumento, compara as reações que seu relatório suscitou ao longo dessas décadas:

> Nos anos 1970, os críticos afirmavam: "não há limites; todos aqueles que pensam haver limites não entendem nada". Nos anos 1980, tornou-se claro que havia limites, e os críticos então disseram: "De acordo, existem limites, mas eles estão muito distantes. Não temos que nos preocupar com eles." Nos anos 1990, percebeu-se que eles não estavam tão longe, e então os partidários do crescimento clamaram: "Os limites talvez estejam próximos, mas não temos necessidade de nos inquietar, já que os mercados e as tecnologias resolverão os problemas." A partir dos anos 2000, mostrou-se evidente que a tecnologia e o mercado não solucionariam a questão dos limites. A resposta mudou mais uma vez: "É preciso sustentar o crescimento, pois é o que nos dará os recursos de que temos necessidade para enfrentar os problemas."[38]

Clive Hamilton analisou todas as formas de negação que nos impedem de afrontar a realidade do aquecimento climático. Um dos mais importantes, segundo ele, é o fenômeno da "dissonância cognitiva", ilustrada pela história de uma seita mística nos Estados Unidos durante a década de 1950. Sua líder, uma mulher de nome Marian Keech, afirmava receber mensagens de um extraterrestre, que lhe anunciava a iminência do Juízo Final. Um dilúvio apocalíptico se abateria sobre a humanidade, e para escapar dele o extraterrestre enviaria uma nave espacial para resgatar os crentes no dia 21 de dezembro de 1954, exatamente à meia-noite. No dia aprazado, os adeptos se reuniram, mas ninguém lhes veio buscar.

Ao invés do que se poderia esperar, a reação dos membros da seita não foi nem de decepção nem de desespero, muito ao contrário! Apressaram-se a contar à imprensa a causa de sua excitação: o extraterrestre havia decidido salvar toda a humanidade graças à luz que a seita havia difundido. Assim, face

37. D. Meadows, op. cit., p. 204.
38. Ibidem, p. 203.

aos céticos que consideravam ineficaz tudo o que a seita fazia, Marian Keech, contra toda a expectativa, afirmava ter sido justamente a devoção de todos os seus membros que salvara a humanidade. O mito era mais forte do que os fatos.

Para Meadows, está claro que "nós não desejamos saber o que realmente se passa, nós queremos a confirmação de um conjunto de impressões que já possuímos"[39]. Os céticos climáticos não são, na verdade, céticos; só não estão à procura de fatos que possam submeter a uma análise rigorosa; ao contrário, opõem-se a tudo que contradiga sua visão de mundo e, depois, procuram razões que justifiquem a rejeição.

E foram até mais longe ao organizarem uma verdadeira empresa coletiva de negação "ativa". Poderosos do mundo industrial, ao financiarem *think-tanks*, conseguiram fabricar um "clima" de incerteza e de controvérsia ao redor de fatos científicos bem estabelecidos. Essa estratégia de dúvida e de ignorância, destinada a mascarar os efeitos prejudiciais de seus produtos, está hoje bem documentada nos mais variados casos: fumo, amianto, pesticidas, disruptores endócrinos[40] e, recentemente, aquecimento climático[41]. Ela foi particularmente eficaz no fracasso das negociações sobre o clima realizadas em 2009, em Copenhague, tendo retornado antes e durante a cúpula de Paris, em 2015.

Mas as multinacionais e as companhias petrolíferas não são as únicas culpáveis, já que os governos têm sua parte de responsabilidade. Disso dá testemunho uma lei da Carolina do Norte, nos EUA, que proíbe evocar publicamente a elevação do nível dos mares. Se a isso se adicionam as novas leis sobre "a gestão responsável das despesas do Estado", pode-se facilmente compreender a angústia dos climatologistas, que perdem a possibilidade, e o direito, de discutir seus resultados em colóquios científicos e apresentá-los aos meios de comunicação[42].

39. Ibidem.
40. Substâncias químicas (naturais ou artificiais) que desregulam o funcionamento hormonal, causando efeitos nefastos no organismo. (N. da T.)
41. N. Oreskes; E.M. Conway, *Les Marchands de doute*, Paris: Le Pommier, 2012; S. Foucart, *La Fabrique du mensonge: comment les industriels manipulent la Science et nous mettent en Danger*, Paris: Denoël, 2013.
42. N. Oreskes; E.M. Conway, op. cit., p. 26.

Somos Demasiadamente Catastrofistas?

A psicologia do desmoronamento está plena de contradições e de mal-entendidos. Muitos deploram que os relatórios do IPCC/GIEC são por demais alarmistas e que os meios de comunicação sigam essa tendência. Mas é bom lembrar que o relatório do IPCC/GIEC representa um consenso! Por definição, ele gera um discurso consensual, neutro e aplainado, que contrasta com muitas publicações científicas e não leva em conta os estudos mais recentes (frequentemente mais catastrofistas)[43]. Se acreditamos em fatos, o IPCC/GIEC é tudo, menos pessimista.

Por outro lado, embora a atitude catastrofista não seja bem percebida, muita gente pensa e *acredita* na possibilidade de lhe ocorrer infortúnios. Cada vez que assinam um contrato de seguro, essa crença se revela. Ora, os acidentes, como as inundações, os incêndios, os roubos etc., são raros, às vezes extremamente raros durante uma vida, e poucas pessoas conhecem as bases científicas do cálculo de riscos de tais eventos. Eles são considerados, intuitivamente, *possíveis*, e desencadeiam ações concretas, ao passo que as consequências da mudança climática, que estão bem escoradas em fatos, são ignoradas. Na verdade, "as consequências da mudança climática foram sistematicamente subestimadas, tanto por militantes quanto, até recentemente, por grande parte dos cientistas"[44]. "Todos têm medo de paralisar o público, amedrontando-o demasiadamente."[45] Não existe um limite de catastrofismos a partir do qual o espírito reagiria? Tudo isso não é senão uma questão de grau? Será preciso evitar *a todo custo* os discursos sobre o colapso? Mais precisamente, a notória ausência de resultados políticos concretos a respeito de ecologia política, após quarenta anos, é devida a um discurso muito catastrófico ou, ao contrário, a um discurso inexpressivo?

Cada um terá a sua opinião e, enquanto isso, o impasse se faz evidente: ou dizemos

43. Ver K. Brysse et al., Climate Change Prediction: Erring on the Side of the Least Drama?, *Global Environment Change*, v. 23, n. 1.
44. C. Hamilton, op. cit., p. 8.
45. Ibidem.

as coisas tais como são, sem desvios, e então corremos o risco de ser taxados de aves de mau agouro (perdendo credibilidade aos olhos de alguns), ou dizemos as coisas de maneira edulcorada, evitando os números mais duros (a propósito do clima e do ambiente), e aí corremos o risco de ser relegados ao último plano das prioridades políticas, já que a situação não é julgada muito grave.

As experiências em psicologia social demonstraram que, para que as pessoas levem a sério uma ameaça, é necessário que estejam bem informadas sobre a situação e disponham de alternativas credíveis e acessíveis[46]. Se dispõem apenas de informações parciais e se podem ter somente um papel limitado, ficam menos suscetíveis a um comprometimento pessoal. A informação mais completa possível sobre catástrofes constitui, assim, uma das condições para favorecer uma passagem à ação concreta. O problema virá do outro ingrediente: não há, verdadeiramente, uma alternativa ao desmoronamento (apenas meios de adaptar-se a ele) e se torna difícil encontrar um meio de agir que seja efetivo, rápido e acessível.

Ver, Crer e... Reagir!

Todavia, existem pessoas capazes de escutar, de compreender e de acreditar em um artigo, um discurso ou um relato sobre o desmoronamento de nossa sociedade mundializada e, até mesmo, de nossa espécie. No curso de nossas múltiplas intervenções públicas e de conversas privadas, nos defrontamos com diversos tipos de reações de pessoas que pareciam convencidas da iminência de um colapso. Nós as classificamos e lhe apresentamos uma lista não exaustiva, que não estará baseada em referências bibliográficas, mas em uma experiência subjetiva.

46. Ver S.C. Moser; L. Dilling, Toward the Social Tipping Point: Creating a Climate for Change, em S.C. Moser; L. Dilling (eds.), *Creating a Climate for Change*, Cambridge: Cambridge University Press, 2007; M. Milinski et al., The Collective-Risk Social Dilema and the Prevention of Simulated Dangerous Climate Change, *PNAS*, n. 105, 2008.

Que as futuras pesquisas sobre colapsologia permitam trazer um pouco de rigor a essa tipologia.

As reações "explosivistas" são frequentes em pessoas que se sentem impotentes face à progressiva destruição de nosso mundo[47], e que por esse motivo, ou algum outro, desenvolveram um certo ressentimento ou mesmo cólera contra a sociedade. "Um colapso? Bem feito! Essa sociedade está inteiramente apodrecida. Quanto a mim, digo: viva o colapso!" Mas, além do fato de que essa atitude desvela um imaginário sombrio e mesmo niilista do desmoronamento, ela não permite saber se a pessoa em questão também imagina a própria morte ou se ela se vê entre os sobreviventes, contemplando o declínio da cidade do alto de uma colina que a domina, saboreando uma vingança bem merecida. Inútil reafirmar que tal atitude é relativamente tóxica para a organização sociopolítica em tempos de catástrofe.

As reações "dequeadiantistas" (de que adianta?) são muito frequentes. Pois sendo o fim de tudo, por que continuar a se matar nas obrigações? "Perdido por perdido, aproveitemos o que nos resta!" Mas, atenção, nesse gênero de reação, podem-se distinguir duas tendências, que se referem à palavra "aproveitar": existe a tendência simpática, porém egoísta, epicurista e rabelaisiana, de quem vai levar o resto de seus dias nos bares e cafés, saboreando os últimos prazeres da vida; e existe a tendência "estraga tudo", aquela para quem "aproveitar" significa fazê-lo em detrimento dos outros. Queima gasolina em excesso, consome desbragadamente e pilha uma última vez, antes de partir.

Os sobrevivencialistas ou *preppers* (neologismo inglês para aqueles que se preparam para situações difíceis) são cada vez mais numerosos. Muitos já viram uma reportagem ou documentário sobre indivíduos que estocam enormes quantidades de produtos e se refugiam em verdadeiros *bunkers*. Isso quando não ensinam os filhos a atirar com arco e flechas, se exercitam no reconhecimento de

47. No original, "çavapetistes", que provém do verbo *péter*, significando tanto explodir, arrebentar, quanto peidar. (N. da T.)

plantas selvagens comestíveis e se informam sobre técnicas de purificação de água. Preparam-se para atos violentos, acreditando que os outros (seus vizinhos? invasores?) reagirão como eles pretendem agir, ou seja, com violência. O imaginário que subsiste a esse tipo de postura é alimentado por filmes como *Mad Max* e os de zumbis, e por acreditar que o ser humano é profundamente mau. Sua divisa poderia ser: "sozinhos, vamos mais depressa".

Os "transicionistas" (estamos todos no mesmo barco) não são normalmente violentos (talvez por se julgarem incapazes de sê-lo) e têm um espírito coletivista. Pedem uma "transição" em grande escala, pois para eles a vida não tem mais sentido se tudo entra em colapso. Então, de preferência a um recolhimento subjetivo, praticam uma abertura e a inclusão, convencidos de que o futuro se encontra em ecocidades e nas redes de ajuda mútua para a transição. "Juntos, vamos mais longe", poderia ser a sua divisa.

Os colapsólogos descobrem uma paixão nesse assunto, sobre o qual ninguém fala, o que lhes dá um sentido para a vida. Estudar, escrever, compartilhar, comunicar e compreender se tornam, progressivamente, atividades cronófagas, o que pode ser constatado pelo número de livros publicados, por artigos e comentários postados em blogs e sítios consagrados ao assunto. Curiosamente, esses *geeks*[48] do colapso, cujos mais célebres são chamados, no mundo anglo-saxônico, de *collapsniks*, são engenheiros e... homens. Aliás, segundo um veterano, constitui um fator de ruptura frequente de casais, pois, enquanto a mulher vê no desmoronamento um tema de conversação como outro qualquer (e pede ao marido para não abordar o assunto em família ou entre suas amigas), o obcecado começa a preparar o *bunker* ou a participar de reuniões intermináveis para a transição... Deixando de lado o clichê, a clivagem homem-mulher se constata facilmente no mundo profano, tendo os homens maior tendência para debater números, fatos e técnicas do que as mulheres, que abordam

48. Aficionados e entendidos em ciências, matemática e computação, e considerados um pouco excêntricos e enfadonhos. (N. da T.)

mais facilmente aspectos emocionais e espirituais da questão (ao menos publicamente).

No mundo real, que é sempre mais complexo, algumas pessoas podem sentir-se pertencentes a mais de uma categoria. Por exemplo, na qualidade de colapsólogo, é difícil não se comprometer com ações de antecipação e até mesmo, como alguns, desejar que um colapso ocorra rapidamente para evitar maiores consequências climáticas (ver o final do capítulo), dedicar-se ao estudo e coleta de plantas selvagens comestíveis, *mesmo tendo a convicção* de que a cooperação é a única saída possível.

Mas Como Viver Com Isso?

Na verdade, a negação é um processo cognitivo salutar (no curto prazo!) que nos permite proteger-nos, naturalmente, de informações muito "tóxicas". Isso porque a possibilidade de um desmoronamento provoca com frequência angústias nefastas para o organismo, se elas forem crônicas. A ausência de alternativas concretas gera um sentimento de impotência que, ele mesmo, pode ser cancerígeno[49] (mas que desaparece tão logo passemos à ação). Por outro lado, "a recusa em aceitar que enfrentaremos um futuro desagradável (pode se tornar) uma atitude perversa"[50], na medida em que subestimamos os efeitos, a longo prazo, das catástrofes. O que fazer, então? Como permanecer com boa saúde?

Um elemento de resposta consiste em ver em toda "transição psicológica" um processo de luto. As catástrofes climáticas, ou "a possibilidade de que o mundo tal como o conhecemos siga para um fim horrível"[51], são coisas difíceis de serem aceitas pelo espírito humano. "O mesmo acontece com nossa própria morte: nós 'sabemos' que ela sobrevirá, mas só quando ela é iminente que nos confrontamos com o sentido verdadeiro de nossa condição mortal."[52]

O processo de luto atravessa várias etapas, conforme o modelo bem estabelecido

49. Ver D. Servan-Schreiber, *Anticancer*, Paris: Robert Laffont, 2007.
50. C. Hamilton, op. cit., p. 11.
51. Ibidem, p. 8.
52. Ibidem.

por Elisabeth Kübler-Ross, psicóloga americana especialista em luto: negação, cólera, regateio, depressão e aceitação. Encontramos todas essas etapas nas reações do público, e mesmo nas reações que sentimos durante a preparação deste livro. Nas discussões e nas oficinas sobre a transição ou sobre o desmoronamento, constatamos que os momentos de testemunhos e de compartilhamento de emoções eram essenciais para permitir às pessoas presentes dar-se conta de que não estão sozinhas para enfrentar este futuro. Todos esses momentos nos aproximam da etapa de aceitação, indispensável para reencontrar uma sensação de reconhecimento e de esperança que alimenta uma ação justa e eficaz.

Ir adiante, reencontrar um futuro desejável e enxergar no colapso uma oportunidade formidável para a sociedade passa, necessariamente, por fases desagradáveis de desespero, medo e cólera. Isso nos obriga a mergulhar em zonas pessoais sombrias, a olhá-las de frente e aprender a conviver com elas. O trabalho de "luto" é, portanto, ao mesmo tempo coletivo e pessoal. Como sublinham os notáveis trabalhos de Clive Hamilton, Joanna Macy, Bill Plotkin ou Carolin Baker[53], apenas mergulhando e comungando em tais emoções é que reencontraremos o gosto da ação e um sentido para nossas vidas. Trata-se, nem mais nem menos, do que uma passagem simbólica para a vida adulta. Hoje em dia, redes de auxílio mútuo, bastante discretas, mas ainda assim poderosas, florescem em várias partes do mundo e crescem a uma velocidade só igual à alegria que proporcionam[54].

Essa reviravolta pode ser libertadora, como afirma o filósofo Clive Hamilton: "de um lado, sinto-me aliviado: aliviado por admitir, enfim, o que o meu espírito racional não havia deixado de me dizer; aliviado por não mais desperdiçar minha energia com falsas esperanças; e aliviado por exprimir um pouco minha cólera face a homens, políticos, dirigentes

53. Ibidem; J. Macy, *Écopsychologie pratique et rituels pour la Terre: Retrouver le lien vivant avec la nature*, Gap: Le Souffle d'Or, 2008; B. Plotkin, *Nature and the Human Soul: Cultivating Wholeness in a Fragmented World*, Novato, California: New World Library, 2008; C. Parker, *Navigating the Coming Chaos: A Handbook for Inner Transition*, New York: iUniverse, 2011.

54. Ver, por exemplo, o site *Terr'Eveille*, <www.terreveille.be>.

empresariais e céticos em relação ao clima que são largamente responsáveis pelo atraso, impossível de ser recuperado, nas ações contra o aquecimento climático"[55].

Enfim, o processo de luto passa também por um sentimento de justiça. As pessoas que sofrem de uma perda que consideram injusta querem punir (ou ver punir) eventuais culpados[56], sob pena de verem explodir uma indignação que pode se expressar em formas de violência social ou de enfermidades psicossomáticas. Ora, no caso do desmoronamento de nossa sociedade, isso é particularmente preocupante. De fato, um povo que se sente humilhado exterioriza facilmente sua cólera por meio de violência extrema, dirigida erradamente contra bodes expiatórios ou contra os verdadeiros responsáveis pela injustiça. Os livros de história estão recheados de tais exemplos. Hoje em dia, o trabalho de alguns historiadores, de jornalistas e de ativistas permite maior precisão na parte de responsabilidade que certas pessoas ou organizações têm pelos acontecimentos que nós começamos a padecer. "Nossos filhos nos acusarão", ouve-se com frequência. Pode ser que tais crianças já estejam na idade de acusar.

Agora Que Acreditamos, o Que Fazemos? (Política do Desmoronamento)

A ação construtiva e, se possível, não violenta somente pode vir após se ter ultrapassado, individual e coletivamente, certas etapas psicológicas. Mas sejamos realistas. Não se pode esperar que cada um faça seu luto antes de começar a agir. Em primeiro lugar, porque é muito tarde para isso e, depois, porque a humanidade não funciona baseando-se apenas no acaso. Na realidade, a ação não é o término de um processo, mas faz parte do

55. C. Hamilton, op. cit., p. 9.
56. Ver D.J.F. de Quervain et al., The Neural Basis of Altruistic Punishment, *Science*, n. 305, 2004.

processo de "transição interior". É ela que permite, *desde o início da tomada de consciência*, sair de uma posição de impotência desconfortável, trazendo cotidianamente satisfações que mantenham o otimismo. No início, são pequenas ações que parecem insignificantes; depois, outras mais consequentes, conforme as gratificações que cada um possa tirar das primeiras. É agindo que nossa consciência se transforma. É também por isso que, em função de afinidades e da história pessoal, alguns escolherão o caminho da insurreição violenta (mais ou menos emancipadora), outros a via do recolhimento identitário ou da fuga, e outros ainda a da construção de alternativas não violentas. O "mosaico do desmoronamento" vai adquirir muitas cores.

Qualquer que seja a etapa em que nos encontremos, é preciso continuar a viver, imersos nesse "mundo de ontem" com suas contradições e a inércia que isso traz. Cada um de nós encontrará ocasiões de agir *dentro de uma perspectiva de desmoronamento*, em função de afinidades e do ambiente social no qual pretenda evoluir. Num primeiro momento, o essencial é que a crença profunda num desmoronamento não torne nosso presente muito desagradável – para nós e nossos próximos –, pois teremos necessidade de conforto afetivo e emocional para atravessar esses tempos de perturbações e de incerteza.

Transição: Antecipação e Resiliência

Os movimentos políticos que se posicionam relativamente à possibilidade do colapso não são numerosos. Os mais construtivos e pacifistas entre eles (não abordaremos aqui os movimentos insurrecionais) são o de transição e o de decrescimento[57].

Em geral, os seres humanos só acreditam na eventualidade de uma catástrofe quando esta advém, ou seja, já muito tarde. Os princípios da *transição* e do *decrescimento* tentam atacar precisamente esse pensamento, antecipando-se

57. Ver Comité invisible, *L'Insurrection qui vient*, Paris: La Fabrique, 2007; Comité invisible, *À nos amis*, Paris: La Fabrique, 2014.

às catástrofes: antecipar-se ao fim das energias fósseis, às perturbações climáticas ou às rupturas de abastecimento (sobretudo de alimentos) são exemplos dos programas dos adeptos da transição e dos que se opõem a mais crescimento (muitas vezes, as mesmas pessoas). Pois mesmo que seja muito tarde para soerguer uma *steady state economy* (economia estável), baseada na sustentabilidade, sempre há tempo para construir pequenos sistemas resilientes em escala local, que permitirão melhor suportar os choques econômicos, sociais e ecológicos que estão por vir.

Ainda que pequenas e inevitavelmente locais, tais iniciativas se multiplicam em bom ritmo. O movimento de iniciativas de transição (anteriormente chamadas "cidades em transição"), iniciado no Reino Unido em 2006, já conta, em menos de dez anos de existência, com milhares de exemplos nos cinco continentes. O movimento, que provoca bastante entusiasmo, cria desde o início impactos tangíveis sobre a vida das pessoas que se comprometem com ele: cooperativas de produção de energia solar, sistemas alimentares locais sustentáveis (permacultura, agricultura urbana etc.) e outros modelos cooperativos. Exemplos não faltam e, para encontrá-los, basta abrir alguns jornais[58], ver alguns livros dedicados a alternativas "concretas" e "positivas"[59] ou passar uma hora na internet.

De um ponto de vista político, a transição é um objeto estranho, paradoxal. Ela implica, simultaneamente, aceitar a iminência das catástrofes, ou seja, fazer o luto da civilização industrial, e favorecer a emergência de pequenos sistemas *low tech* (de baixa tecnologia) que ainda não constituem um "modelo" nem um "sistema". De um ponto de vista concreto, a fase de transição, temporária, por definição, deve fazer coexistir dois sistemas, um moribundo e outro nascente, incompatíveis sob vários aspectos em seus objetivos e estratégias (sobre o crescimento, ver "A Direção Está Bloqueada?").

58. Ver *Silence*, *Imagine*, *Bastamag*, *La Décroissance* ou *Passarelle Éco*.

59. Ver R. Hopkins, *Ils changent le monde: 1001 initiatives de transition écologique*, Paris: Seuil, 2014; B. Manier, *Un million de révolutions tranquilles*, Paris: Les Liens qui Libèrent, 2012.

Quanto à postura, ela é, *ao mesmo tempo*, catastrofista e otimista, quer dizer, lúcida e pragmática. Lúcida porque as pessoas implicadas nela não negam a possibilidade do colapso, e muitas já renunciaram ao mito do crescimento eterno e ao mito do apocalipse. Elas sabem e *creem* no que nos espera e são geralmente receptivas a discursos catastrofistas pois se comprometem com alternativas concretas. Pragmática porque "esse pensamento catastrofista não é de natureza apocalíptica; não pretende inquietar-se com o fim do mundo, mas sim com uma reorganização que não seja brusca e potencialmente traumática dos ecossistemas e das sociedades"[60]. Nem *business as usual* nem fim de mundo, e sim um mundo a inventar, em conjunto, aqui e agora.

É preciso também uma boa dose de vontade, um pouco de atrevimento e ingenuidade. O sucesso do movimento da transição vem do fato de que os participantes adotam uma visão positiva do futuro. Para evitar cair no marasmo, imaginam um horizonte para 2030 sem petróleo[61] e com um clima desregulado, mas no qual ainda será bom viver. O poder da imaginação encontra-se nos detalhes. Basta desenhá-los, imaginá-los, sonhá-los conjuntamente… depois, arregaçar as mangas e se pôr a concretizá-los. Essa estratégia revelou-se extremamente poderosa em termos de mobilização e de criatividade[62].

Generalizar essa política "paradoxal" supõe outro problema: o fato de que seja aceita pública e oficialmente a morte do Velho Mundo. Oficializá-la consiste, sobretudo, em correr o risco de autorrealização (ver "As Dificuldades de Ser Futurólogo"): tão logo um primeiro-ministro ou um presidente declare que ele prepara o país para um colapso, as bolsas de valores e a população reagirão nervosamente, causando perturbações que farão precipitar o que estava se antecipando.

Uma política de transição é, portanto, forçosamente "dialógica" (retomando-se as palavras de Edgar Morin), tecida de

60. L. Semal, op. cit., p. 144.
61. Algo que não se concretizará, evidentemente. (N. da T.)
62. Ver R. Hopkins, *The Transition Companion: Making your Community More Resilient in Uncertain Times*, Cambridge: Chelsea Green, 2011.

paradoxos, como "morte/vida" (a morte de nossa civilização industrial permitirá a emergência de novas formas de sociedade) e "continuidade/ruptura" (é indispensável prever, *simultaneamente*, políticas de transição em médio prazo e eventos de ruptura catastróficos).

Em escala territorial, o *leitmotiv* da transição é o de criar uma "resiliência local"[63], ou seja, aumentar as capacidades coletivas locais para restaurar perturbações sistêmicas muito diversas (alimentação, energia, ordem social, clima etc.). Em nível macroeconômico, trata-se de criar uma economia de "redução energética" ou de decrescimento, não mais baseada em sistema de dívida, mas sobre paradigmas mais racionais, como a sobriedade voluntária, a partilha equitativa e – por que não? – o racionamento (mescla dos anteriores).

Essas obras estão apenas balbuciando[64], e nada está ganho antecipadamente. Na verdade, não só é difícil transformar nosso sistema econômico de maneira ágil e espontânea, sem crescimento econômico (ver "A Direção Está Bloqueada?"), mas, em geral, não é possível para uma sociedade reduzir seu consumo voluntariamente durante um longo período. Os exemplos históricos de sociedades que souberam autolimitar-se para evitar um desmoronamento são extremamente raros. O exemplo mais conhecido é o da minúscula ilha do Pacífico, Tikopia[65], que Jarel Diamond cita[66], cujos habitantes puderam sobreviver cerca de três mil anos nos limites da capacidade, graças a um culto pelas árvores e a políticas de controle da natalidade extremamente severas.

No entanto, e isso é entusiasmante, constata-se que, desde que os primeiros choques econômicos e sociais aparecem, as alternativas emergem muito rapidamente, como o testemunham os movimentos de

63. B. Thévard, Vers des territoires résilients, estudo realizado para o grupo Les Verts/ALE do Parlamento Europeu, 2014; R. Hopkins, *Manuel de Transition: De la dépendance au pétrole à la résilience locale*, Montréal: Écosociété / Silence, 2010.
64. Ver A. Sinaï, *Économie de l'après--croissance: Politiques de l'Anthropocène II*, Paris: Presses Sciences Po, 2015; J.M. Greer, *La Fin de l'abondance*, Montréal: Écosociété, 2013.
65. Tikopia tem apenas 5 km² e sua população atual é de aproximadamente 1.200 habitantes. Localiza-se em meio ao conjunto das Ilhas Salomão. (N. da T.)
66. Ver J. Diamond, op. cit., p. 468.

contestação/criação que se multiplicam na Grécia, em Portugal, na Espanha[67], e que prefiguram o mundo de amanhã.

Por fim, o conceito de transição permite reunir. Ele não perturba radicalmente o imaginário de progresso continuado, mas deixa aflorar a lucidez perante a catástrofe. Permite reencontrar práticas comuns e imaginários positivos partilhados, o que é notável. Seus adeptos não esperam os governos, eles inventam maneiras de viver esse colapso de modo não trágico. Não estão à espera do pior, mas se dedicam à construção do melhor possível.

A Política do Grande Desligamento

A transição poderia, finalmente, ser vista como um ato de "desligamento". Desligar-se do sistema industrial implica renunciar, antecipadamente, a tudo o que ele fornece (alimentos industrializados, roupas sintéticas, deslocamentos rápidos, eletrônica, diversos objetos), antes de ser obrigado a suportar penúrias. Mas desligar-se rápida e individualmente torna-se para muitos a própria morte. De fato, pouquíssimas pessoas nos países ricos sabem comer, construir, vestir-se ou se deslocar sem o apoio e o consumo do sistema industrial. Portanto, todo o desafio consiste em se organizar para reencontrar ou aprender os saberes e as técnicas que permitam retomar posse de meios de subsistência, antes de poder desligar-se. Os caminhos da autonomia são, desde então, forçosamente coletivos, sabendo-se que, sem as energias fósseis, a quantidade de trabalho a ser fornecida para compensar sua falta é considerável (um barril de petróleo equivale, aproximadamente, a 24 mil horas de trabalho humano, ou onze anos de trabalho a quarenta horas semanais)[68]. Uma vez *ligados* a reduzidos sistemas autônomos mais resilientes e *low tech*, os grupos de transição podem então *desligar-se* mais serenamente do grande sistema que pode levá-los em seu colapso: não precisar mais

67. Ver A. Canabate, La Cohésion sociale en temps de récession prolongé. Espagne, Grèce, Portugal, Les Verts/ALE au Parlement Européen, 2014.
68. A. Miller; R. Hopkins, Climate after Growth, op. cit., p. 9n.

ir ao supermercado, não mais comprar um carro por família, não mais comprar roupas fabricadas na China etc. São pequenas vitórias práticas, mas que representam grandes vitórias simbólicas.

Alguns *collapsniks* vão ainda mais longe, propondo um desligamento imenso e generalizado, uma espécie de boicote que provocaria a queda rápida do sistema econômico global: "um choque pela queda da demanda"[69]. Em um texto publicado em dezembro de 2013, o criador do conceito de permacultura, David Holmgren, mais pessimista do que nunca, inquietava-se com as recentes descobertas sobre as consequências do aquecimento climático. Segundo ele, a única saída para evitar graves danos à biosfera seria provocar um desmoronamento radical de todo o sistema econômico. Ele, que temia antes de tudo a iminência do pico do petróleo (depois de mais de trinta anos), deplorava então o fato de não chegar mais depressa, e propôs às pessoas sensíveis ao assunto se desligar o mais rapidamente possível. Ainda segundo ele, se 10% das populações dos países industrializados chegassem a se comprometer com iniciativas de resiliência local, fora do sistema monetário, este poderia se contrair a ponto de alcançar um limite de oscilação e queda irreversível. Um "boicote sistêmico" é o que se chama uma política de blecaute. A proposição gerou uma grande controvérsia entre os colapsólogos, que está longe de terminar.

Mobilizar um Povo, Como se Fosse Para a Guerra

Por potente que seja o movimento de transição, seria melhor e alcançaria mais ganhos se ela fosse coordenada em maior escala. O exemplo notável de transição para a agroecologia em Cuba, durante os anos 1990, mostra a importância do papel das autoridades em imprimir velocidade ao processo. De fato, os desafios superam as comunidades locais, como é o caso para o transporte ferroviário, para a gestão dos

69. Ver D. Holmgren, Crash on Demand: Welcome to the Brown Tech World, *Holmgren Design*, Dec. 2013.

cursos de água e para o comércio. Durante a sua "fase especial", o governo cubano percebeu a amplitude das catástrofes e fez passar leis em favor da transição[70]. Mas na Europa e nas grandes democracias isso ainda seria possível? Nossa geração, que só conheceu o poder dos *lobbies* econômicos privados sobre as grandes instituições europeias, não se nutre com exemplos que permitam pensar que mudanças coordenadas sejam possíveis. No entanto, foi o que ocorreu durante as duas primeiras guerras mundiais. Os governos conseguiram mobilizar um poder considerável, tendo em vista um objetivo comum, ou seja, em ambos os casos, aniquilar um inimigo. Nos anos 1940, e graças a um enorme esforço de guerra, os Estados Unidos conseguiram "renunciar por um momento à cultura do consumo e do desperdício"[71]. Em 1943, os "Victory Gardens" mobilizaram mais de vinte milhões de americanos e produziram entre 30% e 40% dos legumes do país. A reciclagem, o transporte privado compartilhado e o racionamento foram então a regra naqueles anos na América do Norte. Esses exemplos, que mereceriam ser aprofundados, não estão destinados a fazer a apologia da guerra ou de regimes ditatoriais. Eles apenas ilustram o fato de que, quando nos organizamos em vista de um objetivo comum, é possível fazer algo com grandeza e rapidez.

Portanto, é preciso pesquisar nas situações de guerra e, consequentemente, em situações de penúria. De maneira concreta, poderíamos imaginar uma política mais característica de desmoronamento do que o racionamento? Como o demonstra a politóloga Mathilde Szuba, já aconteceu de os países industrializados transgredirem seus princípios fundamentais (mercado de consumo privado) para pôr em prática uma política de racionamento[72]. Em 1915, em Paris, por exemplo, a falta de produtos básicos havia provocado uma situação social tão explosiva que as autoridades da

70. Ver P. Servigne; C. Araud, La Transition inachevée: Cuba et l'après-pétrole, *Barricade*, 2012.
71. Ver M. Davis, Écologie en temps de guerre: Quand les États-Unis luttaient contre le gaspillage des ressources, *Mouvements*, 2008, p. 132.
72. M. Szuba, Régimes de justice énergétique, em A. Sinaï (dir.), Penser la Décroissance, p. 120.

cidade, apesar das reticências do governo nacional, decidiram fixar um preço para o carvão e, além disso, racioná-lo. De resto, o racionamento pode ser considerado uma política solidária num mundo comprimido por limites. Enquanto a "abundância permite a independência... o limite de recursos introduz a interdependência". O destino de todos os habitantes está ligado por um princípio de vasos comunicantes ou de "jogo de soma zero", no qual aquele que consome priva outrem do bem consumido. Nesse caso, o papel das autoridades é refrear firmemente o consumo dos ricos e garantir um mínimo vital para os pobres. Há duas ideias consistentes associadas ao racionamento: "a das partes justas, quer dizer, calculadas de modo equitativo a partir da quantidade disponível, e a de uma igualdade de todos, que evoca uma suspensão de privilégios sociais"[73].

Contrariamente à França, onde o racionamento durante a Segunda Guerra Mundial deixou lembranças desagradáveis, no Reino Unido essa política disseminou na sociedade um sentimento de igualdade que se revelou bastante benéfico para a coesão social, conforme o testemunho de pessoas que viveram naquela época. De maneira surpreendente, "os levantamentos efetuados pelos serviços de saúde durante os anos 1940-1950 mostram que a saúde e a longevidade dos britânicos, mormente das crianças, melhoraram durante o período de racionamento, notadamente pelo fato de que uma parte da população teve acesso a uma alimentação melhor"[74].

Que Lugar Ocupa a Democracia?

Não se deve, porém, ter muitas ilusões, pois as consequências catastróficas do clima e dos choques energéticos e financeiros terão efeitos sobre os sistemas políticos. "A democracia será a primeira vítima da alteração das condições universais de existência que estamos programando... Quando o colapso da espécie

73. Ibidem, p. 134-135.
74. Ibidem, p. 136.

aparecer como possibilidade visível, a urgência não terá o que fazer com processos lentos e complexos de deliberação. Tomado de pânico, o Ocidente transgredirá seus valores de liberdade e de justiça."[75]

Se a confiança se arruína, se os salários e as aposentadorias já não são vertidos em tempo e normalmente ou se a escassez alimentar se torna muito severa, ninguém poderá garantir a manutenção dos regimes políticos em funcionamento. Os fascismos poderiam muito bem aproveitar-se da multiplicação de tumultos sociais, da cólera crescente de um povo humilhado ou de um "retorno ao local" involuntário e generalizado, causado por disfunções econômicas que se repitam. Então, a Europa bem poderia ver surgir, e mais rapidamente do que o previsto, sociedades compartimentadas e violentas, longe do ideal cosmopolita de um mundo "livre" e "aberto".

Por outro lado, o capitalismo tem essa incrível capacidade de se impor em toda sociedade que passou por choques traumatizantes (como as Filipinas e o Chile)[76]. Nada garante, assim, que "crises" econômicas graves não tragam uma transição pacífica.

Se as elites econômicas e políticas dos países industrializados persistirem na defesa de um modelo que hoje se pretende democrático (mas que se converteu claramente em oligárquico)[77], elas não apenas precipitarão as catástrofes, tendo em vista a "retomada do crescimento" (ver "A Extinção do Motor", "A Saída de Rota", "Imobilizados em um Veículo Cada Vez Mais Frágil" e "O Que Dizem os Modelos?"), mas alimentarão um sentimento de cólera na população, proporcional à esperança (decepcionada) que suscitaram.

Por sua vez, os partidários da transição e do decrescimento estão preocupados com a preservação do ideal democrático, ao reencontrarem o poder local (frequentemente municipal) e desenvolverem práticas de governança participativas ou

75. Ver M. Rocard et al., Le Genre humain menacé, *Le Monde*, 2 abr. 2011.
76. Ver N. Klein, *La Stratégie du choc: La montée d'un capitalisme du désastre*, Paris: Actes Sud, 2008.
77. Ver H. Kempf, *L'Oligarchie ça suffit, vive la démocratie*, Paris: Seuil, 2011.

colaborativas. Como analisa o politólogo Luc Semal, a originalidade desses movimentos prende-se ao fato de que "o entendimento da catástrofe é visto não como uma maneira de bloquear o debate político local, mas, ao contrário, como ocasião de reabri-lo, convidando ao debate de modalidades práticas de um decrescimento energético local bem delineado e igualmente repartido"[78].

Assim, enquanto alguns farão de tudo para conservar o sistema atual, outros agirão para torná-lo ainda mais democrático, enquanto outros o acusarão de ser a causa de todos os males. Nesse canteiro de obras ao mesmo tempo teórico e prático que constitui a "política do desmoronamento", a questão da democracia seguramente não é a menor. Para tanto, a experiência política da democracia participativa e direta, de autogestão, de federalismo e autonomia que os movimentos libertários desenvolvem poderia ser de grande utilidade para as redes de transição.

Certas questões teóricas, porém, continuam em suspenso: um mosaico de pequenas democracias locais é sempre um projeto democrático? A atitude catastrofista é compatível com os processos democráticos? Mais precisamente, estamos na plena posse de nossos meios quando agimos em tempos de catástrofe? Parece-nos hoje indispensável pensar políticas que respondam de maneira séria, serena e racional aos desafios aqui descritos, quer dizer, encontrar um compromisso entre o gesto democrático e a urgência das catástrofes.

78. L. Semal, op. cit., p. 147

Conclusão:

A FOME É APENAS O COMEÇO[1]

"Uma superpopulação mundial, um superconsumo pelos ricos e lastimáveis escolhas tecnológicas"[2] puseram nossa civilização industrial no caminho do desmoronamento. Choques sistêmicos maiores e irreversíveis podem ocorrer amanhã, e o prazo de um colapso de grande amplitude parece mais próximo do que habitualmente se imagina, entre 2050 e 2100. Ninguém conhece o calendário exato dos encadeamentos que transformarão (aos olhos de futuros arqueólogos) um conjunto de catástrofes em desmoronamento, mas é plausível que esse encadeamento esteja reservado às gerações atuais. Essa é a *intuição* que nós dividimos com um bom número de observadores, sejam especialistas, sejam ativistas.

É incômodo dizê-lo, visto que a postura tende a ser ridicularizada, mas nós nos tornamos catastrofistas. Sejamos claros, isso não significa que desejemos as catástrofes nem que renunciamos a combater para atenuar os efeitos, ou ainda que nos afundemos em um pessimismo irrevogável. Ao contrário! Ainda que o devir seja sombrio, "devemos combater, pois não há nenhuma razão para nos submetermos aos fatos"[3]. Para nós, ser catastrofista é simplesmente evitar uma atitude de negação e assumir as catástrofes *que já estão ocorrendo*. É preciso

1. No original francês, "La Faim n'est que le début", trocadilho com a expressão "le fin n'est que le début", "o fim é apenas o começo". (N. da T.)
2. Ver P.R. Ehrlich; A.H. Erlich, Can a Collapse of Global Civilization be Avoided?, *Philosophical Transactions of the Royal Society*, v. 280, n. 1754, 7 mar. 2013.
3. C. Hamilton, *Requiem pour l'espèce humaine*, Paris: Les Presses de Sciences Po, 2013, p. 12.

aprender a vê-las, aceitar sua existência e cumprir o luto daquilo de que tais eventos nos privarão. Em nossa opinião, é essa postura de coragem, de consciência e de calma, os olhos bem abertos, que permitirá traçar os caminhos de um futuro realista. Não se trata de pessimismo!

A certeza é a de que não reencontraremos nunca mais a situação "normal" que conhecemos ao longo de decênios[4]. Primeiramente, o motor da civilização termoindustrial – a dupla energia-finanças – encontra-se à beira da extinção. Seus limites são esperados. A era das energias fósseis abundantes e a baixo preço já tocou o seu término, como testemunha a corrida por energias fósseis não rotineiras com seus custos ambientais, energéticos e econômicos proibitivos. Isso enterra definitivamente toda possibilidade de reencontrar um dia o crescimento econômico já experimentado e, assim, indica o sinal de morte de um sistema baseado em dívidas que, simplesmente, jamais serão reembolsadas.

Em segundo lugar, a expansão material exponencial de nossa civilização perturbou irremediavelmente os complexos sistemas naturais sobre os quais ela repousava. As fronteiras foram ultrapassadas. O aquecimento climático e a ruína da biodiversidade por si sós anunciam rupturas nos sistemas alimentares, sociais, comerciais e de saúde, o que se traduz, concretamente, por deslocamentos massivos de populações, conflitos armados, fome e epidemias. Nesse mundo "não mais linear", eventos imprevisíveis de forte intensidade serão a norma, e é de se esperar que as soluções regularmente então aplicadas perturbem ainda mais os sistemas.

Em terceiro lugar, os sistemas cada vez mais complexos que fornecem alimentação, água e energia, e que permitem às esferas políticas, financeiras e eletrônicas virtuais de funcionar, exigem progressivamente mais energia. Essas infraestruturas

4. Ver A. Miller e R. Hopkins, Climate after Growth: Why Environmentalists Must Embrace Postgrowth Economics and Community Resilience, *Post-Carbone Institute*, set. 2013.

se converteram de tal sorte interdependentes, vulneráveis e, frequentemente, vetustas, que pequenas rupturas de fluxo ou de abastecimento podem colocar em risco a estabilidade do sistema global, provocando efeitos desproporcionais em efeito cascata.

Esses três estudos (aproximação dos limites, ultrapassagem de fronteiras e crescente complexidade) são irreversíveis e, combinados, desembocam numa mesma saída. Houve, no passado, numerosos colapsos de civilizações que permaneciam confinados a certas regiões. Atualmente, porém, a mundialização criou *riscos sistêmicos globais*, e é a primeira vez que a possibilidade de um desmoronamento em grande escala, quase total, torna-se viável. Isso não ocorrerá em um dia. Um desmoronamento terá velocidades, formas e aspectos diferentes, segundo as regiões, as culturas e os acasos ambientais. Ele deve ser encarado como um mosaico complexo, no qual nada está projetado ou definido antecipadamente.

Pensar que todos os problemas estarão resolvidos pelo retorno do crescimento econômico é um grave erro estratégico. Primeiramente, porque isso pressupõe que um retorno ao crescimento seja possível[5], mas sobretudo porque, quanto mais os dirigentes políticos se concentrarem nesse objetivo, menos uma política séria de preservação da estabilidade do clima e dos ecossistemas avançará para enfrentar o que é necessário: reduzir rápida e consideravelmente o consumo de combustíveis fósseis. Todos os debates entre retomada e austeridade são apenas distrações que se desviam do problema de fundo. Na verdade, não há nem mesmo "solução" para *predicament*, a nossa condição inextrincável; existem apenas caminhos a tomar para que nos adaptemos a essa nova realidade.

Dar-se conta de tudo isso é empreender uma reviravolta. É ver que, subitamente, a utopia mudou de campo: o utópico acredita que tudo pode continuar como antes.

5. Isso não é mais possível, ver T. Piketty, *O Capital no Século XXI*, Rio de Janeiro: Intrínseca, 2013, ou G. Giraud, Le Vrai rôle de l'énergie va obliger les économistes à changer de dogme, 14 abr. 2014, <petrole.blog.lemonde.fr>, entrevista a Matthieu Auzanneau.

O realista, ao contrário, é aquele que põe toda a energia que nos resta em uma transição rápida e radical, em busca de uma resiliência local, seja ela territorial ou humana.

Em Direção a uma Colapsologia Geral e Aplicada

"É porque a catástrofe constitui um destino ominoso, e para nós indesejável, que devemos manter os olhos fixos sobre ela, sem jamais perdê-la de vista."[6] Esse será o *leitmotiv* da colapsologia. Mas, enquanto para Hans Jonas a "profecia da infelicidade é feita para que ela não se realize"[7], nós damos um passo além, constatando, 35 anos depois, que será difícil evitá-la e que podemos apenas tentar atenuar seus efeitos.

Podem nos censurar de obscurecer o quadro. Mas os que nos acusam de pessimismo deverão provar, concretamente, em que nos enganamos. A prova agora cabe aos cornucopianos. A ideia de colapso tornou-se muito difícil de ser afastada, e como sublinha Clive Hamilton, "os votos pios não serão suficientes"[8].

Este livro é apenas um esboço. A sequência lógica, além de consolidar e trazer à luz os dados do problema, será explorar em profundidade as pistas de reflexão que foram abertas nos últimos capítulos. Será o objeto da colapsologia, que definimos, portanto, como *o exercício transdisciplinar de estudo do colapso de nossa civilização industrial e do que lhe poderia suceder, apoiado sobre os modos cognitivos da razão e da intuição, e sobre trabalhos científicos reconhecidos.*

Ela constituirá, entretanto, um pequeno aporte no processo de transição interior que cada um de nós é levado a empreender. Saber e compreender representam apenas 10% do caminho. Mais do que isso, é

6. J.P. Dupuy, *Pour un catastrophisme éclairé*, Paris: Seuil, 2002, p. 84-85.
7. Ver H. Jonas [1979], *Le Principe responsabilité*, Paris: Flammarion, 1998.
8. C. Hamilton, op. cit., p. 11.

preciso acreditar, agir consequentemente e, sobretudo, gerir suas emoções. Todo esse trabalho se fará participando de iniciativas já situadas no mundo "do depois" (na transição) e por meio de formas de comunicação menos austeras, como documentários, ateliês, romances, quadrinhos, música, dança, teatro etc.

A Geração "Ressaca"

Durante a década de 1970, nossa sociedade ainda tinha a possibilidade de construir um "desenvolvimento durável ou sustentável", e a escolha foi a de não fazê-lo. Mais tarde, nos anos 1990, tudo continuou a acelerar, apesar dos avisos. E hoje, é tarde demais.

É legítimo, pois, perguntar se nossos antepassados desejaram realmente uma sociedade sustentável. A resposta é não. Em todo caso, alguns antepassados, aqueles que em determinado momento tiveram o poder de impor decisões tecnológicas e políticas aos demais, optaram por uma sociedade não sustentável, *com conhecimento de causa*. Por exemplo, a questão do esgotamento (e, portanto, do desperdício) das energias fósseis foi posta desde o início de sua exploração, por volta de 1880[9]. Alguns defenderam um consumo racional, mas foram marginalizados[10]. O economista britânico William Stanley Jevons, por exemplo, resumia muito bem o caso do carvão em 1886 (que pode ser aplicado a todas as energias fósseis) à "escolha entre uma breve grandeza e uma longa mediocridade"[11]. Adivinha-se facilmente a opção vencedora.

O trabalho dos historiadores é hoje essencial para compreender o que o genial economista Nicholas Georgescu-Roegen havia lucidamente pressentido nos anos 1970: "Tudo se passa como se a espécie humana houvesse escolhido levar uma vida breve, mas excitante, deixando às

9. C. Bonneuil; J.-B. Fressoz, *L'Évenement Anthropocène: La Terre, l'histoire et nous*, Paris: Seuil, 2013, p. 218.
10. Ibidem, p. 359n.
11. Ibidem, p. 362n.

espécies menos ambiciosas uma existência longa, embora monótona."[12] E nós, os descendentes de ancestrais tão ambiciosos, que chegamos ao fim dessa "breve grandeza" e que sentimos suas consequências, teremos a possibilidade de *ao menos* voltar a um período de "longa mediocridade"? Não estamos seguros nem disso.

Pois somos demasiados sobre a Terra, com um clima agressivo e imprevisível, ecossistemas destruídos e poluídos (quem poderá agora detectar as poluições?) e uma diversidade biológica e cultural exangue. Se não houver um sobressalto coletivo antecipado, é possível que, no grande silêncio do mundo pós-industrial, retornemos a uma situação bem mais precária do que na Idade Média. E, nesse caso, serão os partidários do crescimento desenfreado que nos farão regressar à "idade da pedra".

Os chantres do "Progresso" veneraram a breve grandeza, esse espírito de festa tal como foi praticada há dois séculos, sem dia seguinte, em que a intenção era vibrar, remexer e gritar sempre mais forte, para esquecer o resto e se esquecer. Era preciso sempre mais energia, mais objetos, mais velocidade, mais domínio. Era preciso ter sempre mais. Para eles, atualmente, é tempo de ressaca, "a festa acabou"[13]. Afinal, a modernidade não morrerá por suas feridas filosóficas pós-modernas, mas por falta de energia. E, se as anfetaminas e os antidepressivos foram as pílulas do mundo produtivista, a resiliência, a sobriedade e as baixas tecnologias serão as aspirinas desta geração ressaca.

Outras Maneiras de Fazer a Festa

Esses progressistas também escarneceram da "longa mediocridade". Mas era ela tão medíocre assim? Hoje, os caminhos a

12. Ver N. Georgescu-Roegen, *La Décroissance: Entropie, écologie, économie*, Paris: Sang de la Terre / Ellébore, 2006.
13. Ver R. Heinberg, *Pétrole: La fête est finie!*, Paris: Demi-Lune, 2008.

serem tomados, e eles existem, estão apenas balizados, mas conduzem a uma mudança radical de vida, menos complexa, mais modesta e bem enquadrada nos limites e nas fronteiras do que é vivo. O desmoronamento não é o fim, e sim o início de nosso futuro. Nós reinventaremos meios de fazer a festa, meios de estar presente no mundo, com os outros e com os seres que nos circundam. O fim do mundo? Seria muito fácil, o planeta está aí, fervilha de vida, há responsabilidades a assumir e um futuro a traçar. É tempo de ingressar na vida adulta.

Por ocasião de encontros com o público, ficamos surpresos de nos deparar com risos e alegrias que não procuravam ocultar um certo desespero, mas que se expressavam como alívio. Alguns até mesmo nos agradeceram por termos posto palavras e emoções sobre um mal-estar profundo que não chegavam a manifestar. Outros nos confiaram ter reencontrado um sentido para a vida. Nós somos numerosos e, em tempos difíceis, as redes se formam. E nós crescemos.

Para continuar as pesquisas, www.collapsologie.fr.

PARA AS CRIANÇAS

As colinas escarpadas, os declives
das estatísticas
estão aí, diante de nós.
Subida abrupta,
que toda ela se eleva,
se eleva, enquanto todos
nós nos afundamos.
É dito
que no próximo século,
ou ainda no seguinte,
haverá vales e pastagens
onde poderemos nos reunir em paz,
se lá chegarmos.
Para romper essas cristas futuras,
uma palavra para ti,
para ti e tuas crianças:
permaneçam juntos,
conheçam as flores,
sigam ligeiros.

GARY SNYDER, *Turtle Island*, 1974.

POSFÁCIO

Há matéria mais importante do que a tratada por este livro? Não. Há matéria mais negligenciada do que essa? Também não. Eis o paradoxo político de nosso mundo. Nós continuamos a nos dedicar a ela, é certo, na firme intenção de melhorar nosso destino por meio de algumas reformas, mas nunca tratamos de nosso desaparecimento a curto prazo como civilização, ao passo que, e este livro o demonstra desafiadoramente, nunca tivemos tantas indicações sobre a possibilidade de um desmoronamento global e iminente. Isso não é de espantar no que diz respeito aos políticos, aqui e ali, hoje e no passado. Que regime, que responsável faria uma análise catastrofista do estado do mundo e tiraria a conclusão de que é preciso mudar radicalmente a orientação e as políticas da sociedade que ele governa? Esse fenômeno de negação da realidade não é simplesmente devido à contradição entre o tempo curto da política ("logo é preciso pensar na minha reeleição") e o tempo longo da ecologia – reparar a ecosfera exige grande duração; não, esse fenômeno diz respeito, antes de tudo, a limitações do aparelho cognitivo e às pressões da psicologia social.

Em resumo, face ao anúncio de um evento extraordinário e monstruoso a vir – o do colapso do mundo –, ninguém pode imaginar seus efeitos, mesmo que tal acontecimento seja consequência de ações humanas. Essa distância é uma das características da modernidade termoindustrial analisada pelo filósofo Günther Anders, que qualifica esses eventos de "supraliminares". Somos incapazes de formar uma imagem mental completa e pressentir todas as suas ressonâncias. Assim é para os autores deste livro e para mim. Por mais que examinemos os dados já inumeráveis e articulemos um raciocínio sobre eles, é-nos impossível, mesmo de um ponto de vista sistêmico, forjar uma representação racional e completa do que poderia ser um "desmoronamento mundial". Apenas sentimos intuitivamente, nas margens da certeza. Mais impossível ainda, se posso dizer, é representar suas consequências. Quantos mortos haverá devido ao colapso?

Essa certeza intuitiva do desmoronamento, pressentida por certas pessoas, amplia a confusão quando se defronta com a reação de outrem. De fato, entra em jogo um mecanismo especular que explica, melhor do que toda adição de vontades individuais, a inação de uma sociedade face à aproximação de um evento supraliminar. Suponhamos que eu esteja convencido dessa iminência e que tente compartilhá-la com meus próximos ou com pessoas que encontre. É possível que alguns estejam de acordo comigo, mas, na maior parte do tempo, e até o momento, a maioria, mesmo bem informada sobre questões ecológicas globais, vai se refugiar na negação, na dissonância cognitiva. Daí não resultar nenhuma ação coletiva dessas pessoas para entravar o processo de desmoronamento. Além disso, e paradoxalmente, ainda que uma maioria de pessoas (na França, por exemplo) esteja finalmente convencida dele, é improvável que se organize para agir de modo eficiente contra a ameaça. De modo eficiente, isto é, utilizando meios consideráveis de luta contra a realização dessa hipótese, com todas as mudanças de comportamentos individuais e coletivos que isso exige. Outros exemplos de tais situações abundam; uma maioria de indivíduos crê sinceramente num fato revoltante, mas quase ninguém age contra o fato. Assim ocorre com o desregramento climático, que uma maioria de cidadãos europeus reconhece como um fato de origem antrópica, mas cujos comportamentos individuais e as políticas públicas contrárias a esse fenômeno são de uma debilidade deplorável depois de já 25 anos. Assim foi com a ditadura de Saddam Hussein durante o último quarto do século XX, ditadura considerada cruel pela maioria dos iraquianos, sem que a soma das opiniões individuais conduzisse à derrocada do regime. Por que os iraquianos suportaram aquela ditadura que detestavam? Como explicar esse tipo de contradição aparente? Este livro lhe expôs, de maneira probatória, que o mundo se encontra à beira de um colapso. Assim como você, uma maioria de leitores será convencida pelas demonstrações, acreditando na iminência do fim de um mundo tal como o conhecemos e... nada. Nenhuma (ou quase nenhuma) ação pessoal ou política à altura do desafio que se seguirá.

Nós tentaremos explicar essa bizarrice social por uma visão cognitivista, como havíamos feito precedentemente ao evocar os limites da psicologia individual. Dessa feita, é ao filósofo Jean-Louis Vullierme que nós devemos os fundamentos. O gatilho para a ação de um indivíduo não é sua opinião ou sua vontade, mas seu questionamento sobre o fato de que ele agiria desde que um grande número de outras pessoas também o fizesse. A ação coletiva (política) não é um fenômeno aditivo de vontades individuais para agir, é o resultado emergente das representações que cada um se constrói, observando a representação dos demais. A sociedade é um sistema de representações cruzadas entre indivíduos; eu me represento a maneira pela qual os outros representam as coisas e a mim mesmo. Ou melhor, os modelos de mundo que uma pessoa detém, notadamente o modelo de si mesmo, provêm dos modelos de mundo possuídos por outros, sobretudo do modelo que o outro tem de si (Vullierme chama essa interação cognitiva de "especularidade"). O determinante para os comportamentos de um indivíduo é, portanto, o sistema de modelos que possui. Segundo essa hipótese, a vontade não é, portanto, uma realidade primeira, mas derivada da interação especular. O indivíduo advertido do colapso não se pergunta se quer mudar sua vida, mas apenas se o faria no caso em que um certo número de outras pessoas também o fizesse. Estando cada um posto na mesma situação, o colapso será reduzido não em função da vontade de todos, mas de suas representações cruzadas, ou seja, das antecipações que cada um efetuará sobre a capacidade efetiva daqueles que o cercam de mudarem suas vidas. E o que ocorre com a negação do desmoronamento na escala dos decisores? A dinâmica especular ainda funciona, inexoravelmente. A propagação de crenças na iminência do desmoronamento só pode ser lenta num mundo político obcecado pela rivalidade. A tal ponto que mesmo que todos os dirigentes do mundo, como sob o efeito de uma revelação, estivessem repentinamente habitados por essa apreciação de um aniquilamento próximo, começariam a se perguntar se amigos e rivais teriam ou não essa mesma crença. Espreitando cada um o passo em falso do outro, quer dizer, a divulgação pública da força de sua crença, nenhum deles, por fim, a revelaria. Conhecida de cada um, essa crença não seria, entretanto, um *common knowledge* (conhecimento comum). E menos ainda uma ação conjunta, pois se trataria então de alterar as políticas públicas, modificando radicalmente os modos de produção e de consumo das sociedades industrializadas. Isso pressuporia que os próprios cidadãos tivessem esse modelo de mundo, a crença no desmoronamento iminente, e aceitassem as consequências em termos de modo de vida. A negação do colapso não está na cabeça por ser o indivíduo alguém irracional ou mal informado, mas é o efeito de um sistema que emerge da combinatória especular. Assim, na falta de desenvolvimento rápido de múltiplas comunidades dos que fazem a transição e se opõem ao crescimento, o desmoronamento é inevitável. Não porque o conhecimento científico advindo seria inseguro, mas porque a psicologia social que habita os seres humanos não lhes permitirá tomar as boas decisões no bom momento.

Todavia, assim como os autores deste livro, creio que ninguém pode se tornar colapsólogo sem sentir um tremor crônico, em paralelo com essas pesquisas. Mais do que em outros domínios, a reflexão e a emoção estão intimamente ligadas à escatologia ecológica, em que as questões de vida e de morte, pessoais e coletivas, são os próprios objetos da investigação. Não se pode abordar essa enquete ingenuamente, acreditando que nossa vida não será transtornada por inteiro. Não se pode falar em público sobre desmoronamento global sem estar certo de que os propósitos ecoarão intensamente nos ouvintes. A colapsologia é uma escola de responsabilidade. Ela conduz diretamente a uma moral proveniente de uma instância que nos ultrapassa individualmente, como nos transcende o desmoronamento que exploramos. Essa instância metafísica é a compaixão, ou altruísmo, ou ainda empatia, como se queira. Mas não sentimos essa força moral como algo exterior a nós mesmos, ditado por um dogma ou religião; ela pertence ao nosso ser, tanto quanto as imagens e o pensamento do colapso que povoam nosso espírito ali se misturam numa aliagem que não se decompõe em seus elementos.

Atenção! Não digo que o estudo do desmoronamento conduza à sabedoria humanitária e ao amor ao próximo. Paradoxalmente, ele pode mesmo ser acompanhado por ruminações misantrópicas contra humanos cegos e ignorantes das ameaças que pesam sobre o mundo e continuam inocentemente suas pequenas vidas. Afirmo, simplesmente, que a colapsologia, além de seu objeto, conduz à distinção entre o bem e o mal, sendo o bem toda ação que reduzirá o número de mortos, e o mal como indiferença a tal critério, ou pior, como alegria mórbida por um maior número de mortos. Com esse sentido, posso fazer um julgamento moral sobre mim mesmo e sobre os outros.

YVES COCHET
Ex-ministro do Ordenamento Territorial e do Ambiente da França, no governo Lionel Jospin, e presidente do Instituto Momentum

SEIS ANOS DEPOIS

Este livro ainda é atual? Antes de responder à questão, é preciso pôr-se de acordo com o que seja "atualidade", pois há dois tipos de conhecimentos colapsológicos: aqueles relativos aos fenômenos de desmoronamento reais (passados e presentes) e os que tratam dos riscos de colapso futuro. Os primeiros não prescrevem verdadeiramente; ao contrário, se acumulam e enriquecem o *corpus* teórico. Os segundos, ao contrário, podem evoluir, refinar-se ou se tornar obsoletos.

Em seis anos, os saberes acumulados sobre desmoronamentos reais vieram consolidar o *corpus* da literatura científica que propusemos denominar de "colapsologia", metadisciplina que procura melhor compreender as trajetórias passadas, presentes e futuras das sociedades por intermédio da noção de colapso ou desmoronamento. Por exemplo, a propósito da Ilha de Páscoa, caso arquetípico de ecocídio ou suicídio ecológico, os estudos mais recentes mostram que a causa principal do desmoronamento dos ecossistemas e da população da ilha deveu-se não só à superexploração, pelos habitantes e pelas espécies invasivas, como às exações cometidas por colonos ocidentais. Uma pequena parte da população sobreviveu ao desmoronamento, o que indica uma extraordinária capacidade de resiliência dos humanos face a choques imprevisíveis[1]. De passagem, convém lembrar que desmoronamento e resiliência andam aos

1. Ver T. Garlinghouse, Rethinking Easter Island's historic collapse, *Sapiens*, 29 maio 2020.

pares como lados de uma moeda[2]. Temos a tendência de nos esquecer disso.

No que diz respeito ao futuro e aos riscos, testar a atualidade deste livro consistiria em listar os sinais e as tendências dos últimos anos que poderiam aumentar ou diminuir os riscos sistêmicos e os de catástrofe planetária. Precisemos, de passagem, que mostrar que os riscos de desmoronamento diminuem não invalida a colapsologia, pois ela não está aqui para provar que haverá um colapso, mas para estudar, de maneira rigorosa, as precondições e os estopins de desmoronamentos.

O objetivo deste posfácio não está em descrever um segundo manual mais fornido, e sim repetir as tendências mais fortes. Num primeiro momento, nos debruçaremos sobre a atualização de dados referentes aos principais campos (clima, biodiversidade, recursos, poluições etc.) e eventuais referências a boas notícias que venham a repor certos parâmetros "em zona verde". Esse exercício de atualização chegou rapidamente a listas enfadonhas e não pretende ser exaustivo. Ele aparece aqui de modo breve e parcial. Num segundo momento, discutiremos os efeitos que esta listagem oferece em termos de riscos de um colapso sistêmico. Terminaremos depois por evocar algumas pistas de pesquisas que se abrem para a colapsologia.

Há Boas Notícias!

O fato de se concentrar sobre as más notícias (era o exercício deste livro) não deve ocultar que há sinais positivos. Entre esses, muitos provieram dos mundos político e social: a juventude de todo o mundo que se rebela sobre questões ecológicas, arrastada pela figura de Greta Thunberg, os avanços significativos em matéria de justiça social,

2. Ver G.S. Cumming; G.D. Peterson, Unifying Research on Social-Ecological Resilience and Collapse, *Trends in Ecology and Evolution*, v. 32, n. 9, 2017.

em particular sobre o racismo, o sexismo e o incesto, o aumento do número de *mass protests* (sublevações populares) ao redor do mundo, como os Gilets Jaunes na França, as manifestações no Irã, em Hong Kong, na Bolívia, no Canadá, em Barcelona, na Índia ou na Rússia[3], assim como a emergência de movimentos globais como Extinction Rebellion.

Na frente jurídica, pode-se notar que, em 2017, após 140 anos de negociações tensas, um rio e uma montanha da Nova Zelândia adquiriram os mesmos direitos jurídicos que um ser humano. Uma vitória apenas simbólica em escala planetária, mas determinante para o povo maori, vivendo desde milênios em estreita dependência com seus ecossistemas[4]. Houve também vereditos dados pelas justiças dos Países Baixos e da França favoráveis ao clima[5], ou ainda regulamentações que limitam as poluições, como a interdição total dos plásticos de uso único (70% do lixo marinho)[6] pelo Parlamento Europeu, ou que favorecem a biodiversidade, como a autorização na França da venda de sementes rústicas[7] a jardineiros e hortelões amadores.

No que concerne à saúde das sociedades, por exemplo, constata-se uma diminuição do trabalho forçado de crianças[8] e uma baixa de 43% no número de mortes ligadas a conflitos armados pelo quarto ano consecutivo, em relação ao pico mais recente de 2014[9].

Alguns sinais vieram do mundo biológico. Por exemplo, as zonas marinhas protegidas foram estendidas (7,5% dos oceanos estão agora protegidos)[10]; os esforços internacionais de conservação permitiram

3. Ver S.J. Brannen et al., The Age of Mass Protests: Understanding an Escalating Global Trend, *Center for Strategic and International Studies*, maio 2020.
4. Ver C. Rodgers, A New Approach to Protecting Ecosystem: The Te Awa Tupua (Whanganui River Claims Settlement) Act 2017, *Environment Law Review*, v. 19, n. 4, 2017.
5. Ver Pays-Bas, France… Quand les juges contraignent les États sur la question climatique, *L'Express.fr*, 19 nov. 2020.
6. Ver European Parliament, Parliament Seals Ban on Throwaway Plastics, 27 mar. 2019.
7. O monopólio radical exercido pela indústria sobre as sementes levou ao desaparecimento de 75% da biodiversidade cultivada em cinquenta anos na Europa e na América do Norte. Ao contrário dos híbridos F1, clones e outros OGMs industriais, as sementes rústicas dos agricultores estão livres de direitos de propriedade e selecionadas naturalmente em fazendas e jardins administrados por agricultores e camponeses, orgânicos ou biodinâmicos. (N. da T.)
8. Ver Mettre fin au travail des enfants, au travail forcé et à la traite des êtres humains dans les chaînes d'approvisionnement mondiales, OIT, OCDE, OIM, UNICEF, Genebra, 2019.
9. Ver T. Pettersson et al., Organized Violence 1989-2018 and Peace Agreements, *Journal of Peace Research*, v. 56, n. 4, 2019.
10. Ver UNEP-WCMC e IUCN, *Marine Protected Planet Report*, 2019.

salvar da extinção até 48 espécies de pássaros e de mamíferos a partir de 1993. Constata-se também um aumento das populações de rapaces diurnos na França[11], de tartarugas marinhas no mundo, de lobos, de linces, de ursos, de glutões e de insetos de água doce na Europa[12] e a estabilização da metade das populações de espécies de grandes baleias ao redor do mundo[13]. Nas florestas da África Central, se observará um aumento de 25% da população dos gorilas desde 2010. O efetivo passou assim de cerca de 750 para algo acima de mil indivíduos[14]. Ainda que isso permaneça insuficiente, é visível a capacidade do mundo selvagem de renascer após várias décadas de declínio, se esforços coordenados de conservação, nacionais e internacionais, forem adotados.

Sobre a questão energética, a taxa de retorno energético (TRE) das energias renováveis (eólica e solar PV) foi revista para cima (> ou = 10), e não cessa de crescer[15], igualando a das energias fósseis, que, por sua vez, não deixa de decrescer e que poderia mesmo declinar de maneira abrupta num futuro próximo[16]. Em nível mundial, a progressão das energias renováveis não é suficiente para substituir a potência do petróleo, do gás e do carvão, mas é significativa. A capacidade das novas instalações aumentou em 40% nos últimos cinco anos, ultrapassando a das novas unidades de produção elétrica baseadas em energias fósseis e nuclear[17]. Há uma boa notícia para os recursos em metais estratégicos e as terras raras? É outra questão…

Do lado das finanças, apesar dos receios de um colapso, o sistema financeiro internacional ainda não implodiu. Para quem

11. N. Issa; Y. Muller, *Atlas des oiseaux de France métropolitaine*, Paris: Delachaux et Niestlé, 2015, p. 40.
12. Ver A. Valdivia et al., Marine Mammals and Sea Turtles Listed Under the US Endangered Species Act are Recovering, *PLOS ONE*, v. 16, 2019, p. 13; G. Chapron et al., Recovery of Large Carnivores in Europe's Modern Human-Dominated Landscapes, *Science*, v. 346, n. 6216, 2014; R. van Klink et al., Meta-Analysis Reveals Declines in Terrestrial but Increases in Freshwater Insect Abundances, *Science*, v. 368, n. 6489, 2020.
13. Ver J. Roman et al., Lifting Baselines to Address the Consequences of Conservation Success, *Trends in Ecology and Evolution*, v. 30, n. 6, 2015.
14. Ver IUCN, Fin Whale, Mountain Gorila Recovering Thanks to Conservation Action – IUCN red list, 2018.
15. Ver M. Diesendorf; T. Wiedmann, Implications of Trends in Energy Return on Energy Invested (EROI) for Transitioning to Renewable Electricity, *Ecological Economics*, v. 176, 2020.
16. P.E. Brockway et al., Estimation of Global Final-Stage Energy Return on Investment for Fossil Fuels with Comparison to Renewable Energy Sources, *Nature Energy*, v. 4, n. 7, 2019, p. 612.
17. Ver Renewable 2020 Global Status Report. nível em: <https://www.ren21.net/reports/global-status-report>.

segue as notícias de perto, é verdadeiramente espantoso! De fato, os instrumentos de detecção de sinais precursores se refinaram depois de 2008[18], e os Bancos Centrais puderam agir a tempo para estabilizar o sistema, embora tenha havido numerosas bolhas financeiras[19]. A despeito de sua vulnerabilidade, mostra sempre uma certa resiliência. Mais uma vez, se é boa notícia para os ricos e para a estabilidade social de vários países, é má notícia para os pobres e para a Terra.

Ainda e Sempre, Tendências Ruins

Apesar de melhorias incontestes, é também preciso assinalar que, depois de 2015, numerosos grandes eventos vieram desestabilizar nossas sociedades e a biosfera: grandes incêndios na Amazônia, na Califórnia, na Sibéria e na Austrália, secas frequentes, invasões de gafanhotos peregrinos na África, o Brexit, os atentados em Paris e Bruxelas, a eleição de governos que não reconhecem a crise ecológica, os fracassos sucessivos das conferências da ONU sobre mudanças climáticas (COPs), a covid-19.

Os cientistas continuaram a alertar o grande público. Quase trinta anos após a primeira advertência, consignada por 1,7 mil dentre eles[20], ainda estamos longe de obter um nível de sustentabilidade global aceitável. Em 2017, um impressionante "segundo aviso à humanidade" reuniu 15.364 pesquisadores em 184 países[21]. Em 2020, mais de onze mil signatários alertaram sobre a urgência climática[22]. Outros apelos de cientistas foram lançados para sustentar movimentos de protestos dos jovens[23], para advertir do

18. Ver T. Goel et al., Playing it Safe: Global Systemically Important Banks After the Crisis, BIS *Quarterly Review*, 2019.
19. Ver N. Irwin, Welcome to the Everything Boom, or Maybe to Everything Bubble, *The New York Times*, 2014.
20. Ver H. Kendall et al., World Scientists' Warning to Humanity, *Union of Concerned Scientists*, 1992.
21. Ver W.J. Ripple et al., World Scientists' Warning to Humanity: A Second Notice, *Bioscience*, v. 67, n. 12, 2017.
22. Ver W.J. Ripple et al., World Scientists' Warning of a Climate Emergency, *Bioscience*, 2019.
23. Ver G. Hagedorn et al., The Concerns of the Young Protesters are Justified, *Gaia-Ecological Perspectives*, v. 28, n. 2, 2019.

rápido desaparecimento dos insetos[24], das degradações alimentares dos ecossistemas[25] e dos lagos[26], do risco da riqueza e das desigualdades[27] ou da possibilidade de desmoronamento de nossas sociedades[28].

Pelo lado do clima, não apenas os antigos modelos revelaram-se bastante acertados em suas previsões[29] (o que não é bom sinal), mas houve momentos de estupor na comunidade científica: um novo modelo que considera mais variáveis, o CMIP6, calculou um novo cenário extremo para 2100 com +7%![30] A concentração de CO_2 na baixa atmosfera bateu um velhíssimo recorde de 23 milhões de anos[31]; a banquisa do Ártico declinou de maneira súbita[32]; um quarto dos glaciares antárticos se encontra em desequilíbrio[33]; as estimativas de emissão de metano subiram[34]; as emissões de CO_2, durante o inverno são mais importantes do que o previsto[35]; novos fenômenos de "*hot spot* de calor extremo" foram observados[36]; os fluxos de carbono entre os solos e a atmosfera revelam-se um novo circuito positivo de retroalimentação[37]; e, para coroar tudo, o consenso entre os cientistas sobre o aquecimento climático antrópico teria alcançado 100%[38] com base em 11.602 artigos avaliados e publicados ao longo dos sete primeiros meses de 2019.

Nota-se ainda uma aceleração: da potência dos furacões[39]; do degelo do Himalaia[40] (duas vezes mais rápido entre

24. Ver P. Cardoso et al., Scientists' Warning to Humanity on Insect Extinctions, *Biological Conservation*, v. 242, 2020.
25. Ver R.H. Heleno et al., Scientists' Warning on Endangered Food Webs, *Web Ecology*, v. 20, n. 1, 2020.
26. Ver J.P. Jenny et al., Scientists' Warning to Humanity: Rapid Degradation of the World's Large Lakes, *Journal of Great Lakes Research*, v. 46, n. 4, 2020.
27. T. Wiedmann et al., Scientists' Warning on Afflence, *Nature Communication*, v. 11, n. 1, 2020, p. 3107.
28. Ver Collectif, A Warning of Climate and the Risk of Societal Collapse, *The Guardian*, 6 dez. 2020.
29. Ver J.E. Kay, Early Climate Models Successfully Predicted Global Warming, *Nature*, v. 578, n. 7793, 2020; Z. Hausfather et al., Evaluating the Performance of Past Climate Model Projections, *Geophysical Research Letters*, vol. 47, n. 1, 2020.
30. Ver P. Vooser, New Climate Models Predict a Warming Surge, *Science*, v. 364, n. 6437, 2019; M.D. Zelinka et al., Causes of Higher Climate Sensitivity in CMIP6 Models, *Geophysical Research Letters*, v. 47, 2020; K.B. Torkarska et al., Past Warming Trend Constrains Future Warming in CPIP6 Models, *Science Advances*, v. 6, n. 12, 2020, p. eaaz9549; D. Jiménez-de-la-Cuesta; T. Mauritsen Emergent Constraints on Earth's Transient and Equilibrium Response to Doubled CO_2 from Post-1970s Global Warming, *Nature Geoscience*, v. 12, 2019.
31. Ver Y. Cui et al., A 23 M.Y. Record of Low Atmospheric CO_2, *Geology*, v. 48, n. 9, 2020.
32. Ver J. Richter-Menge et al., Arctic Report Card 2019, NOAA, 2019, p. 100.
33. Ver A. Shepherd et al., Trends in Antarctic Ice Sheet Elevation and Mass, *Geophysical Research Letters*, v. 46, 2019.
34. Ver B. Hmiel et al., Preindustrial 14CH4 indicates greater anthropogenic fossil CH4 emissions, *Nature*, v. 578, n. 7795, 2020.
35. Ver S.M. Natali et al., Large Loss of CO_2 in Winter Observed Across the

2000 e 2016 do que entre 1975 e 2000); da vulnerabilidade mundial à elevação do nível do mar e inundações costeiras[41]; do aquecimento dos oceanos, o que contribui para o aumento das precipitações, para a elevação de seus níveis, a destruição de recifes de corais, o decréscimo do nível de oxigênio nos mares, tanto quanto para o degelo de glaciares e de calotas polares[42].

Ah, sim, existe um abrandamento, mas é do sistema de circulação das águas do Atlântico Norte, o que não constitui bom sinal, pois é sem precedente após 1.600 anos[43].

As consequências humanas da mudança climática são sempre desastrosas. Por exemplo: sofrimentos para os mais pobres[44], rendimentos agrícolas em baixa[45] e riscos de falências em cascata nas zonas produtoras de cereais[46], um aumento de conflitos armados[47], a deterioração da saúde[48] etc.

Entre os temas mais importantes que surgiram nos últimos anos está o dos "eventos climáticos extremos", quer dizer, "episódios ou eventos no curso dos quais um período climático estatisticamente raro modifica a estrutura e/ou o funcionamento de um ecossistema para além dos limites do que se considera como variabilidade típica ou normal". O risco de que eles sejam mais frequentes e intensos no futuro aumentou bastante[49]. Na Europa, a ameaça de superondas de calor aumentou cinco vezes[50]. Em escala mundial, num cenário otimista

Northern Permafrost Region, *Nature Climate Change*, v. 9, n. 11, 2019.

36. Ver L. Xu et al., Hot Spots of Climate Extremes in the Future, *Journal of Geophysical Research: Atmospheres*, n. 124, 2019.
37. Ver C.E.H. Pries et al., The Whole-Soil Carbon Flux in Response to Warming, *Science*, v. 355, n. 32, 2017; J.M. Melillo et al., Long-Term Pattern and Magnitude of Soil Carbon Feedback to the Climate System in a Warming World, *Science*, v. 358, n. 6359, 2017.
38. Ver J. Powell, Scientists Reach 100% Consensus on Anthropogenic Global Warming, *Bulletin of Science, Technology & Society*, vol. 37, 2019.
39. Ver K. Balaguru et al., Increasing Magnitude of Hurricane Rapid Intensification in the Central and Eastern Tropical Atlantic, *Geophysical Research Letters*, n. 45, 2018.
40. Ver J.M. Maurer et al., Acceleration of Ice Loss Across the Himalayas over the Past 40 Years, *Science Advances*, v. 5, n. 6, 2019, p. eaav7266.
41. Ver S.A. Kulp; B.H. Strauss, New Elevation Data Triple Estimates of Global Vulnerability to Sea-Level Rise and Coastal Flooding, *Nature Communications*, v. 10, n. 1, 2019.
42. Ver L. Cheng et al., How Fast Are the Oceans Warming?, *Science*, v. 363, n. 6423, 2019.
43. Ver L. Caesar et al., Current Atlantic Meridional Overturning Circulation Weakest in Last Millennium, *Nature Geoscience*, v. 14, n. 3, 2021.
44. Ver S. Bathiany et al., Climate Models Predict Increasing Temperature Variability in Poor Countries, *Science Advances*, v. 4, n. 5, 2018, p. eaar5809.
45. Ver C. Zhao et al., Temperature Increase Reduces Global Yields of Major Crops in Four Independent Estimates, PNAS, v. 114, n. 35, 2017.
46. Ver F. Gaupp et al., Changing Risks of Simultaneous Global Breadbasket Failure, *Nature Climate Change*, v. 10, 2020.
47. Ver M. Breckner; U. Sunde, Temperature Extremes, Global Warming, and Armed Conflict: New Insights

de manutenção do *status quo*, novos recordes de calor serão estabelecidos a cada ano para 58% do planeta[51]. Em um mundo com 2°C a mais, cerca de dois bilhões de pessoas (28,2% da população) estarão expostas a ondas extremas de calor, ao menos a cada vinte anos[52]. Um terço da população mundial encontra-se atualmente exposto a condições climáticas que ultrapassam limites mortais durante vinte dias por ano[53].

Em um estudo realizado em 2018, publicado nos Anais da Academia Nacional de Ciências dos Estados Unidos (PNAS), uma equipe dos melhores especialistas do Antropoceno mostrou que a Terra teria saído de um ritmo de oscilações regulares, sobre ciclos de cem mil anos, entre períodos glaciares e interglaciares, dirigindo-se inexoravelmente para uma trajetória de temperatura incontrolável, o que conduziria a uma *hothouse earth*, um planeta dito estufa[54], cuja superfície propícia aos humanos seria consideravelmente reduzida (é o famoso estudo que evocamos no prefácio).

Por que inexoravelmente? Em decorrência de quinze grandes circuitos de retroalimentação positiva (efeitos bola de neve) que os pesquisadores chamam de "elementos de báscula" (*tipping elements* ou elementos de inversão): a soltura do metano do *permafrost*, a decomposição dos hidratos de metano dos oceanos, o aumento da respiração bacteriana marinha, o degelo das calotas glaciares, a mudança das circulações oceânicas, o desmatamento da região amazônica etc. O problema reside no fato de que os primeiros elementos que surgiriam com o aumento de +2°C teriam o poder de acionar os demais, num grande efeito

from High Resolution Data, *World Development*, v. 123, 2019, p. 104624.

48. Ver R. Akhtar (ed.), *Extreme Weather Events and Human Health*, [s.l.]: Springer Nature, 2019.
49. Ver, por exemplo, L. Xu et al., Hot Spots of Climate Extremes in the Future, op. cit.; A. Aghakouchak et al., Climate Extremes and Compound Hazards in a Warming World, *Annual Review of Earth and Planetary Sciences*, v. 48, n. 1, 2020.
50. Ver Q. Schiermeier, Climate Change Made Europe's Mega-Heatwave Five Times More Likely, *Nature*, v. 571, n. 155, 2019.
51. Ver S.B. Power; F.P.D. Delage, Setting and Smashing Extreme Temperature Records Over the Coming Century, *Nature Climate Change*, v. 9, 2019.
52. Ver A. Dosio et al., Extreme Heat Waves Under 1.5°C and 2°C Global Warming, *Environmental Research Letters*, v. 13, n. 5, 2018, p. 054006.
53. Ver C. Mora et al., Global Risk of Deadly Heat, *Nature Climate Change*, v. 7, n. 7, 2017.
54. W. Steffen et al., Trajectories of the Earth System in the Anthropocene, PNAS, v. 115, n. 33, 2018, p. 201810141.

dominó. Um mês após a divulgação desse estudo, em setembro de 2018, o mundo descobriu, num relatório do IPCC/GIEC, haver uma forte tendência para que o aumento chegasse a +3°C no fim do século. Sem chances!

Assim, seis anos após a famosa COP21 de Paris, que pretendia limitar o aquecimento a 1,5°C, pode-se não só constatar amargamente que esse limite deverá ocorrer já em 2026[55], mas que o sonho de estabilizar o clima em +2°C se foi rapidamente[56].

Em resumo, sobre o clima não só não alcançamos os níveis de redução das emissões de gás de efeito estufa (os progressos estão longe de ser suficientes)[57], mas constatamos que a mudança climática se produzirá com mais rapidez do que se pensava[58]. Inútil dizer que a ação deve ser imediata[59] e o esforço a cumprir, colossal[60].

Para Greta Thunberg ou para o jornalista David Wallace Wells, é tempo de pânico[61], quer dizer, de pôr mãos à obra, imediata, individual e coletivamente para inverter as tendências aniquiladoras. Para Antônio Guterres, secretário-geral da ONU, "estamos perto demais de um ponto irretornável"[62]. Para Hans Joachim Schellnhuber, uma das principais autoridades em matéria de mudança climática, se continuarmos na mesma esteira, "há um grande risco de pormos fim à nossa sociedade. A espécie humana sobreviverá de uma maneira ou de outra, mas destruiremos quase tudo que construímos ao longo dos dois últimos milênios"[63]. É exatamente a mensagem que procuramos passar em nosso livro.

E quanto à biodiversidade? Em 2018, elaborou-se o primeiro relatório da nova

55. Ver F.-F. Pearce, We Could Pass 1.5°C Warming by 2026, *New Scientist*, v. 234, n. 3126, 2017, p. 10.
56. Ver A.E. Raftery et al., Less than 2°C Warming by 2100 Unlikely, *Nature Climate Change*, v. 7, n. 9, 2017.
57. Ver United Nations Environment Programme, Emissions gap report 2019, UNEP, nov. 2019; D. Tong et al., Committed Emissions from Existing Energy Infrastructure Jeopardize 1.5°C Climate Target, *Nature*, v. 572, 2019.
58. Ver Y. Xu et al., Global Warming will Happen Faster than we Think, *Nature*, v. 564, n. 7734, 2018, p. 30.
59. Ver J.R. Lamontagne et al., Robust Abatement Pathways to Tolerable Climate Futures Require Immediate Global Action, *Nature Climate Change*, v. 9, n. 4, 2019, p. 290.
60. Ver R. Pancost, The Pathway Toward a Net-Zero-Emissions Future, *One Earth*, v. 1, n. 1, 2019.
61. Ver D. Wallace-Wells, Time to Panic, The *New York Times*, 16 fev. 2019.
62. Ver A. Guterrez, Secretary-General's Remarks on Climate Change [as Delivered], United Nations Secretary-General, 2018.
63. Ver N. Breeze, "It's Nonlinearity – Stupid!": Interview of professor John Schellnhuber, *The Ecologist*, 3 jan. 2019.

Plataforma Intergovernamental sobre a Biodiversidade e os Serviços Ecossistêmicos (IPBES) por 145 expertos, provenientes de cinquenta países. Segundo *sir* Robert Watson, presidente da Plataforma, "a saúde dos ecossistemas dos quais dependemos, tanto quanto todas as outras espécies, se degrada mais rapidamente do que nunca. Estamos erodindo os próprios fundamentos de nossa economia, de nossos meios de subsistência, da segurança alimentar, da saúde e da qualidade de vida no mundo inteiro"[64]. Os fenômenos de coextinções atuais podem, com bastante probabilidade, aniquilar a vida sobre a Terra, como já foi observado no passado[65]. Os números sobre os insetos são catastróficos[66]. O risco de colapso em cascata das redes de polinizadores não pode ser excluído[67]. Para as plantas, as coisas não estão melhores[68]. E os mamíferos? Apesar de algumas boas notícias, como as citadas anteriormente, eles levarão milhares de anos para se recuperar da crise atual[69]. No que diz respeito aos oceanos, eles sofrem mudanças abruptas[70] e vemos as superfícies das zonas mortas aumentarem[71].

64. Ver Communiqué de presse, Le Dangereux déclin de la nature: Un Taux d'extinction des espèces "sans precedent" et qui s'accélère, IPBS, 2019.
65. Ver, por exemplo, G. Strona; C.J.A. Bradshaw, Coextinctions Annihilate Planetary Life During Extreme Environmental Change, *Scientific Reports*, v. 8, n. 1, 2018, p. 16724; G.S. Cooper et al., Regime Shifts Occur Disproportionately Faster in Larger Ecosystems, *Nature Communications*, v. 11, n. 1, 2020; G. Ceballos et al., Vertebrates on the Brink as Indicators of Biological Annihilation and the Sixth Mass Extinction, *PNAS*, v. 117, n. 24, 2020.
66. Ver, por exemplo, W.E. Kunin, Robust Evidence of Declines in Insect Abundance and Biodiversity, *Nature*, v. 574, n. 7780, 2019; C.A. Hallmann et al., More than 75 Percent Decline Over 27 Years in Total Flying Insect Biomass in Protected Areas, *Plos One*, v. 12, n. 10, 2017, p. e0185809; A.J. van Strien et al., Over a Century of Data Reveal More Than 80% Decline in Butterflies in the Netherlands, *Biological Conservation*, v. 234, 2019.
67. Ver T. Latty; V. Dakos, The Risk of Threshold Responses, Tipping Points, and Cascading Failures in Pollination Systems, *Biodiversity and Conservation*, v. 28, 2019.
68. Ver H. Ledford, World's Largest Plant Survey Reveals Alarming Extinction Rate, *Nature*, v. 570, n. 7760, 2019.
69. Ver M. Davis et al., Mammal Diversity will Take Millions of Years to Recover from the Current Biodiversity Crisis, *PNAS*, v. 115, n. 44, 2018.
70. Ver G. Beaugrand et al., Prediction of Unprecedented Biological Shifts in the Global Ocean, *Nature Climate Change*, v. 9, n. 3, 2019, p. 237.
71. A.J. Watson, Oceans on the Edge of Anoxia, *Science*, v. 354, n. 6319, 2016.

Os Riscos Sistêmicos Continuam Aí?

Poderíamos ainda por muito tempo acumular esses números, oscilando entre esperanças de boas-novas e desespero pelas más. Mas aí não está a verdadeira questão da colapsologia. Interessa para nós o que oscila, se desequilibra e os efeitos não lineares.

Haveria então três coisas a serem esclarecidas, que se apresentam como pistas de investigação: 1. como funcionam as interações entre os campos?; 2. como os bloqueios podem se desprender e permitir uma mudança de trajetória? 3. como os riscos de ruptura em grande escala podem ser reduzidos, quer dizer, em que momento os parâmetros retornam ao verde? Eis aí um conjunto de conhecimentos de colapsologia a serem reunidos, permitindo melhor compreender o presente e antecipar o futuro. E se, ao contrário, os resultados da pesquisa se revelem perturbadores, teremos de encontrar novas alavancas de ação.

No momento, porém, os conhecimentos não permitem resolver as questões, quando muito começar a refletir seriamente a respeito.

Sobre as interações (que os cientistas chamam de nexos), a quantidade de estudos aumenta; por exemplo, entre finanças e energia[72], entre desflorestamento e riscos de pandemia[73] ou ainda entre clima e biodiversidade marinha[74] (quando, por exemplo, a mudança climática arrasta consigo um desmoronamento das cadeias alimentares). O mundo real não é uma série de riscos distintos, separados, mas um mundo de riscos múltiplos, entrelaçados, de maneira que nossa decisão de gerir um risco pode afetar outros. Tais interações se constatam ainda nas grandes *planetary bounderies* (fronteiras planetárias): quanto mais as fronteiras são tratadas simultaneamente, mais a zona de viabilidade da espécie humana se reduz[75]. Logo, não se deve tratá-las em separado, sob pena de se tomar um viés falsamente otimista.

72. Ver C.A.S. Hall; K. Klitgaard, Peak Oil, EROI, Investments, and our Financial Future, in Energy and the Wealth of Nations, Cham, [s.l.]: Springer International Publishing, 2018.
73. Ver J.H. Ellwanger et al., Beyond Diversity Loss and Climate Change: Impacts of Amazon Deforestation on Infectious Diseases and Public Health, *Anais da Academia Brasileira de Ciências*, v. 92, n. 1, 2020, p. e20191375.
74. Ver I. Brito-Morales et al., Climate Velocity Reveals Increasing Exposure of Deep-Ocean Biodiversity to Future Warming, *Nature Climate Change*, v. 10, 2020; H. Ullah et al., Climate Change Could Drive Marine Food Web Collapse Through Altered Trophic Flows and Cyanobacterial Proliferation, *Plos Biology*, v. 16, n. 1, 2018, p. e2003446.
75. Ver S.J. Lade et al., Human Impacts on Planetary Boundaries Amplified by Earth System Interactions, *Nature Sustainability*, v. 3, 2019.

Na família dos bloqueios, uma série de estudos recentes[76] mostra que o "efeito ressalto" (paradoxo de Jevons)[77] é muito importante na economia circular, precisamente o domínio que suscita tantas esperanças para a transição. A esse respeito, é preciso também ver a história do "desacoplamento absoluto". Trata-se da ideia de que seria possível continuar o crescimento econômico diminuindo o consumo de recursos. Ora, um grande estudo recente, tratando de 170 artigos, concluiu que nenhuma prova sólida de desacoplamento absoluto foi até agora verificada[78]. Atualmente, não se pode produzir crescimento econômico sem aumento de poluição e de consumo de recursos. Em resumo, não há até agora abertura para uma transição digna desse nome, se isso for possível!

Ainda não lemos estudos sobre uma diminuição significativa de riscos catastróficos globais. Ao contrário, as publicações sobre esse novo campo de estudos "aumentam a um ritmo excepcional"[79]. Um artigo datado de 2020 do Centro para o Estudo do Risco Existencial, da Universidade de Cambridge, no Reino Unido, avaliou mais de dez mil artigos científicos que pudessem ajudar na compreensão desse tipo de risco[80]. Ao trabalho, colapsólogos! Conforme o relatório "Nosso Futuro na Terra", que interrogou dezenas de cientistas de renome internacional, as crises mundiais se autorreforçam, o que "poderia criar uma crise sistêmica mundial"[81]. De maneira geral, os cientistas estão mais inquietos do que os decisores políticos e econômicos, os quais, embora conscientes dos riscos, os subestimam[82].

76. Ver, por exemplo, F. Figge; A.S. Thorpe, The Symbiotic Rebound Effect in the Circular Economy, *Ecological Economics*, v. 163, 2019.
77. Quando se presume que uma nova tecnologia ou técnica economizará energia ou fontes provoca-se paradoxalmente um aumento do consumo geral.
78. Ver T. Vadén et al., Decoupling for Ecological Sustainability: A Categorisation and Review of Research Literature, *Environmental Science & Policy*, v. 112, 2020.
79. Ver G.E. Shackelford et al., Accumulating Evidence Using Crowdsourcing and Machine Learning: A Living Bibliography about Existential Risk and Global Catastrophic Risk, *Futures*, v. 116, 2020, p. 102508.
80. Ibidem.
81. Future Earth, Our Future on Earth, fev. 2020, p. 53.
82. Ver M. Garschagen et al., Too Big to Ignore: Global Risk Perception Gaps between Scientists and Business Leaders, *Earth's Future*, v. 8, n. 3, 2020, p. e2020EF001498.

O Eletrochoque da Covid-19

Em matéria de choque sistêmico, a pandemia da Covid-19 é um caso de escola. Imprevisível, global e, no entanto, conhecido de especialistas, o risco surpreendeu os países, pouco ou nada preparados, e as pessoas que não acreditavam nele. A negação de riscos catastróficos foi, assim, um fator agravante da mortalidade natural do vírus, entre vários outros fatores, como a recusa em investir em serviços públicos de saúde e as más decisões governamentais.

Como choque sistêmico, a pandemia teve numerosas causas, entre as quais a destruição de ecossistemas, a relação com animais selvagens e de criação, o desmantelamento de serviços sanitários em proveito de políticas de lucro e, sobretudo, a vulnerabilidade de nosso sistema econômico globalizado, fortemente interconectado, e de maneira homogênea, pelos fluxos rápidos (informações, mercadorias, pessoas).

Sistêmico também, pois o vírus desatou uma crise sanitária (6 milhões e 900 mil mortes, segundo a Organização Mundial da Saúde, até o início de junho de 2023), mas igualmente uma série de efeitos em cascata, provocando impactos sociais, econômicos, políticos e ambientais sem precedentes depois da Segunda Guerra Mundial.

O choque foi primeiramente econômico (e não financeiro), por uma crise simultânea de oferta e de procura, o que não é frequente e surpreendeu o mundo inteiro. Os confinamentos postos em prática pelos governos fizeram mergulhar a economia numa recessão especulativa, com falências de empresas e demissões de milhões de empregados. Durante os primeiros meses da pandemia, as redes de abastecimento mundial foram gravemente perturbadas. O risco de que elas quebrem permanece presente até agora. Ainda hoje, um muitas populações, incluindo as que vivem nos países mais ricos, sofrem de fome por essa razão. Sem contar os efeitos sociais e psicológicos das populações confinadas ou os níveis de desconfiança em relação aos governos, que constituem um risco político maior.

A pandemia também causou danos às relações comerciais internacionais, como as negociações pós-Brexit entre o Reino Unido e a Europa, e tensões comerciais entre a China e os Estados Unidos. Os mercados de bolsas de valores se tornaram mais voláteis e bilhões de liquidez foram injetados pelos Bancos Centrais a fim de evitar um colapso do sistema financeiro mundial. Tudo se manteve muito artificialmente por fios políticos e confiança.

A pandemia de Covid-19 não está classificada entre as "catástrofes planetárias", pois fez menos de dez milhões de mortes. Por sua amplitude e relativa letalidade, porém, revelou-se uma enorme prova de estresse para o sistema industrial e capitalista, mas igualmente para os Estados e as populações. Agora estamos conscientes de riscos… talvez cheguemos a conceber políticas preparatórias para as rupturas!

Da maneira mais inesperada, o coronavírus teria também revelado a resiliência do sistema e mostrado a extraordinária capacidade de adaptação e autorregeneração da fauna selvagem[83]. O que nós devemos ainda reter é a perplexidade de se perceber que era possível reduzir consideravelmente as atividades industriais e o superconsumo e responder às necessidades básicas das populações. Temos, portanto, alavancas políticas. *There is an alternative!*

O grande choque dessa experiência, para nós que somos colapsólogos, foi dar-se conta de que a brutal redução econômica provocada pelos confinamentos *ainda não é suficiente* para responder às exigências dos cientistas sobre as reduções de emissão de gás de efeito estufa[84]. Mais ainda, as máscaras caíram: sabemos agora quem

83. Ver M. Lenzen et al., Global Socio-Economic Losses and Environmental Gains from the Coronavirus Pandemic, *Plos One*, v. 15, n. 7, 2020, p. e0235654.
84. Ver C. Le Quéré et al., Temporary Reduction in Daily Global CO_2 Emissions During the Covid-19 Forced Confinement, *Nature Climate Change*, v. 10, n. 7, 2020.

operacionaliza planos de relançamento absolutamente tóxicos para a biosfera[85], como ilustram os bilhões postos à disposição das empresas aeronáuticas e automobilísticas.

É muito cedo para afirmar que a pandemia *teria sido* um gatilho do desmoronamento. Essa possibilidade não é para ser excluída. Mas ainda que o vírus não tenha sido um estopim, ele terá, indubitavelmente, preparado o terreno ao agravar as precondições de um eventual colapso por outros detonadores (e há muitos deles). Vista por historiadores do futuro, a pandemia terá, provavelmente, cumprido uma etapa importante.

A Sequência? Colapso-Práxis!

Continuamos convencidos de que a alternativa diabólica com a qual nos defrontamos é ainda atual: se nós escolhermos salvar a "civilização" industrial perseguindo o crescimento material, econômico e energético, os desequilíbrios dos ecossistemas continuarão, o que poderá pôr fim ao "mundo tal como o conhecemos"[86]; se, ao contrário, escolhermos preservar a biosfera, devemos deter essa corrida maluca de nossa civilização em poucos meses, o que equivaleria a um desmoronamento socioeconômico brutal. Colapso ou desmoronamento? A escolher!

Mais precisamente, se seguirmos as recomendações do IPCC/GIEC, as economias mundiais, tais como concebidas hoje em dia, não vão se recompor. Seria preciso, por exemplo, reduzir as emissões de gases em 7,6% por ano, durante dez anos, para se manter uma probabilidade de 66% de ficar abaixo de um aumento de temperatura de 1,5°C[87]. Isso significaria prolongar (e ainda reforçar) os efeitos econômicos do

85. Ver C. Hepburn et al., Will Covid-19 Fiscal Recovery Packages Accelerate or Retard Progress on Climate Change?, *Oxford Review of Economic Policy*, v. 36, 2020.
86. Referência à expressão de língua inglesa *Teotwanki*, que diz "The end of the world as we know it", ou seja: o fim do mundo tal como nós o conhecemos.
87. United Nations Environment Programme, op. cit., 2019.

confinamento pelo qual passamos durante, ao menos, dez anos consecutivos!

Dito tudo isso, só um argumento pode, no momento, tornar este livro obsoleto: o tempo de lançar alertas está em vias de acabar. É mais do que hora de reconhecer plenamente a existência e a natureza dos riscos de catástrofes planetárias e existenciais, e agir como se acreditássemos neles (é a perspectiva do catastrofismo esclarecido). Agir não é fazer qualquer coisa, mas se organizar tendo em vista preservar a morada comum, quer dizer, os ecossistemas, a paz, a democracia, as coisas que nos são comuns.

A partir daí, duas questões importantes a esclarecer: primeiramente, como chegar a viver com esse fluxo constante de más notícias e riscos desmesurados? Em segundo lugar, como se organizar, quer dizer, como diminuir os riscos globais, frear ou impedir o desmoronamento do sistema-Terra, adaptando-se a novos modos de vida?

A primeira pergunta é essencial, pois todo o mundo passa pela montanha russa das emoções, como a cólera, o medo, a tristeza, o desgosto, o desespero, a culpa etc. Nosso livro *Um Outro Fim de Mundo É Possível* (2018) explorou pistas psicológicas, emocionais, metafísicas e espirituais para bem viver neste século catastrófico. Trata-se de nossa relação com o mundo, de lutos e rituais, de interdependência com a natureza, de como recriar sentidos e narrativas. Em resumo, há uma sabedoria que pode e deve emergir dessa difícil situação. Esses "caminhos interiores" estão, evidentemente, abertos.

A segunda questão é igualmente fundamental: como se organizar? Há que se rever tudo, em todas as escalas, local e globalmente. O desafio é chegar a organizar um decrescimento dos países ricos, melhorar a qualidade de vida dos países mais pobres, ao mesmo tempo que se regenerem os ecossistemas, mantenha-se a democracia e se faça a justiça social, para citar apenas o mínimo.

Sem dúvida, os debates sobre os desmoronamentos, o da biosfera e os das sociedades, não deveriam ficar restritos ao Ocidente, pois interessam a todas as comunidades e a todas as espécies vivas da Terra. Os povos primitivos conhecem desmoronamentos após décadas e as classes médias brancas e ocidentais deveriam seriamente tirar lições desse fato. Enfim, é evidente que os relatos de desmoronamento não devem se converter na única visão de futuro. Seria um grande erro da colapsologia ocupar um grande espaço midiático, provavelmente por causa das reações afetivas que provoca. Sem ignorá-las, também precisamos de uma diversidade de pontos de vista e de abrir horizontes!

A questão política é, portanto, o grande canteiro de obras por vir. A tarefa que nos incumbe é conceber políticas de resiliência para enfrentar as surpresas do Antropoceno, para frear, gerir e evitar colapsos, assim como imaginar e construir, desde agora, o que poderia advir "após as tempestades", se é que a metáfora vale alguma coisa.

Sabemos que certas pessoas continuam a procurar unicamente soluções tecnológicas, que milionários tentam escapar pelo espaço ou se emparedar em comunidades fechadas ou em *bunkers*. Mas, para a maior parte de nós, que nos preocupamos com os outros e com o bem comum, é tempo de pôr em prática, simultaneamente, políticas de atenuação e de adaptação, mesmo que a janela de oportunidades das primeiras se retraiam com rapidez. Devemos evitar, ao mesmo tempo, outras catástrofes e preparar-nos para viver com aquelas que já estão aí.

Em 2015, a abordagem racional e científica da colapsologia era considerada plausível, mas pessimista pela paisagem político-mediática dos países de língua francesa. Constatamos, porém, que o público e várias pessoas de diferentes instituições (empresas, sindicatos, administrações, universidades, Forças Armadas etc.) estavam abertas e prontas para discutir tais questões. É uma fonte de esperança. Após seis anos de confrontações em nossa sociedade, o ponto de vista da colapsologia parece-nos mais verossímil e nem tão pessimista.

Há muito a fazer! Estamos convencidos de que as questões da colapsologia, se bem postas e tratadas, são mobilizadoras. Um estudo sociológico o mostrou: entre mais de mil colapsólogos (pessoas que agem como se vivessem um colapso), quase três quartos são otimistas (acreditam nas ações individuais e coletivas) e apenas 26,2% são pessimistas passivos (inativos que não creem mais em ações individuais ou coletivas)[88]. Estamos longe de um derrotismo generalizado.

Analisando várias centenas de testemunhos, os pesquisadores esboçaram um retrato-robô dos colapsonautas. Em geral, são pessoas possuidoras de um conhecimento científico robusto (em nível de pós-graduação), sensibilidade para a proteção da natureza, engajamento militante ou uma visão política do mundo, um discurso marcado por referências artísticas, filosóficas ou espirituais, com uma relação singular com a morte (ou por vezes tendo sofrido um esgotamento). Mais um clichê deitado por terra: estar convencido de que um desmoronamento está em curso ou é iminente requer um investimento cognitivo importante, não sendo um reflexo colérico ou irracional, como já ouvimos aqui ou ali.

Longe do derrotismo ou da irracionalidade, nossa geração deve conduzir-se em três frentes, simultaneamente, como dizem Rob Hopkins, Joanna Macy e mesmo o papa Francisco: com a cabeça, o coração e as mãos. É preciso compreender o que se passa (colapsosofia), imaginar outros mundos e reunir as forças vivas para construir alternativas e lutar contra as forças destrutivas (colapsopráxis).

Os campos de pesquisa são numerosos e, assim, ainda resta muito trabalho. Reiteramos, portanto, nosso convite aos pesquisadores para consolidar essa área de estudos e trazer-lhe cada vez mais credibilidade. Se a casa está em chamas, temos necessidade

88. Esta última grande pesquisa foi realizada pelo Observatoire des vécus du collapse (OBVECO.com), um órgão fundado em 2018 pelo psicólogo Pierre-Éric Sutter e pelo economista Loïc Steffan. [N]

de um discurso racional sobre os riscos que se correm; é uma prévia à organização.

Sem dúvida, é muito tarde para evitar o incêndio, mas nunca é demais para reagir e tentar apagá-lo, minimizar seus impactos e começar a pensar sobre o que lhe segue.

PABLO SERVIGNE E RAPHAËL STEVENS,
março de 2021.

Agradecimentos

Agradecemos a Christophe Bonneuil, Gauthier Chapelle, Élise Monette, Olivier Alléra, Daniel Rodary, Jean Chamel, Yves Cochet e Flore Boudet pelas leituras atentas, corajosas e benevolentes, com menção especial a Yves Cochet, que nos ofereceu o posfácio, e nosso editor Christhophe Bonneuil, que acreditou em nossas ideias e projeto, além de nos guiar com uma paciência a toda prova. Obrigado também a Sophie Lhuillier e Charles Olivero, da Seuil, por esse trabalho de ourives. A ideia do poema final nos veio de nosso irmão Gauthier Chapelle, elo essencial das redes de tempos difíceis e, desde então, colapsólogo aguerrido. Obrigado também a Agnès Sinaï, Yves Cochet (ainda ele) e aos amigos do Instituto Momentum de terem conseguido criar um lugar e momentos de trocas tão férteis ao redor de temas tabus, tanto quanto aos amigos de Barricade, Etopia, Nature & Progress, BeTransition, Imagine e Réfractions por terem permitido viver essas ideias antes da escritura do manuscrito. Pelo fato de as condições materiais de pesquisa e de escrita terem sido particularmente difíceis durante o final de 2014, expressamos uma enorme gratidão aos nossos companheiros, familiares, amigos e vizinhos que apoiaram essa elaboração, reunindo à nossa volta condições materiais e psicológicas. Obrigado, portanto, a Élise, Stéphanie, Nelly e Michel, Chantal e Pierre, Brigitte e Philippe, Monique, Benoît e Caroline, Antoine e Sandrine, Thomas e Noëlle, Philippe e Martine, Pierre-Antoine e Gwendoline, e aos B'z! Por fim, obrigado a todas as pessoas que vieram nos procurar após as conferências, as oficinas e as formações para encorajar-nos em nossas pesquisas.